FORSCHUNGSBERICHTE DES LANDES NORDRHEIN-WESTFALEN

Nr. 2117

Herausgegeben im Auftrage des Ministerpräsidenten Heinz Kühn
von Staatssekretär Professor Dr. h. c. Dr. E. h. Leo Brandt

Direktor Dipl.-Ing. Hans Stüdemann
Dipl.-Ing. Hans-Volkert Lange
Rudolf Grube
Forschungsinstitut für Schneidwaren, Solingen

Einfluß der Wärmebehandlung auf das Biegeverhalten des Stahles X 40 Cr 13

Springer Fachmedien Wiesbaden GmbH 1970

ISBN 978-3-663-20067-3   ISBN 978-3-663-20425-1 (eBook)
DOI 10.1007/978-3-663-20425-1

Verlags-Nr. 012117

© 1970 by Springer Fachmedien Wiesbaden
Ursprünglich erschienen bei Westdeutscher Verlag GmbH, Köln un Opladen 1970.

Inhalt

1. Einleitung 5
2. Biegung des geraden Stabes 5
   - 2.1. Normalspannungen 5
   - 2.2. Schubspannungen 8
   - 2.3. Durchbiegung 11
3. Biegevorrichtung für kleine Lasten 12
4. Biegeversuche an unterschiedlich wärmebehandelten Stahlproben 13
   - 4.1. Versuchsdurchführung 13
   - 4.2. Ergebnisse der Biegeversuche 14
5. Zusammenhang zwischen der Durchbiegung und der Verformung der Randfaser 19
   - 5.1. Biegeversuche mit zugseitig aufgeklebtem Dehnungsmeßstreifen 19
   - 5.2. Vergleich zwischen Biegeversuch und Zugversuch 24
6. Zusammenfassung 27
7. Literaturverzeichnis 28
8. Anhang 29

1. Einleitung

Der rostbeständige Stahl X 40 Cr 13 wird in größerem Umfang nicht nur als Werkstoff für Messerklingen eingesetzt, sondern findet auch auf Grund seiner hohen Festigkeit und seiner Korrosionsbeständigkeit vielfach Verwendung als Werkstoff für Federn. So wird in der Schneidwarenindustrie der rostbeständige Stahl auch als Federstahl für Taschenmesserfedern benutzt.

Sowohl bei der Verwendung als Federstahl als auch bei dem Einsatz für Messerklingen wird der Stahl mechanisch im allgemeinen auf Biegung beansprucht. Die Kontrolle des Biegeverhaltens ist daher – abgesehen von den Anwendungsbereichen, in denen der Stahl schwingend beansprucht wird – bei zügiger Beanspruchung durchzuführen. Daher kann bei nicht schwingend beanspruchten Bauteilen der statische Biegeversuch zur Prüfung des Biegeverhaltens herangezogen werden.

Um an dem rostbeständigen Stahl X 40 Cr 13 die besten Biegeeigenschaften zu ermitteln, wurden statische Biegeversuche an unterschiedlich wärmebehandelten Stahlproben durchgeführt. So wurde der Einfluß verschiedener Härtetemperaturen, Anlaßtemperaturen und Anlaßzeiten auf die Biegeeigenschaften des rostbeständigen Stahles untersucht. Unter den Biegeeigenschaften interessierte vor allem die Elastizitätsgrenze, da eine plastische Verformung des Werkstückes bei Federn im allgemeinen nicht zugelassen werden kann. Bei den Versuchen wurden grundsätzlich Vorgänge bei der Biegung von Stahlproben mit rechteckigem Querschnitt überprüft. Dabei wurden die Durchbiegungen verglichen mit den Dehnungen der zugseitigen, äußeren Werkstoffschicht, und außerdem wurden Vergleiche zwischen den Ergebnissen aus Biegeversuchen und Zugversuchen angestellt.

2. Biegung des geraden Stabes

2.1. Normalspannungen

Wird ein gerader Stab, der an zwei Stellen gelagert ist, in der Mitte zwischen den beiden Auflagern belastet, so entsteht ein dreieckförmiger Momentverlauf über der Stablängsachse, bei dem das an der Stelle des Kraftangriffs auftretende maximale Biegemoment sich aus der Kraft F und dem Auflagerabstand l zu $M_{b\,max} = \dfrac{F \cdot l}{4}$ errechnet.

Infolge des Biegemomentes M_b wird der Stab durchgebogen. Dabei wird die eine Außenfaser auf Druck beansprucht und verkürzt, während die andere Außenfaser auf Zug beansprucht und verlängert wird. Da in den Randfasern die größten Verkürzungen bzw. Verlängerungen auftreten, wird hier die Elastizitätsgrenze des Materials zuerst überschritten. Der Stab federt in diesem Fall nach seiner Entlastung nicht mehr in seine Ausgangslage zurück, sondern zeigt eine bleibende Verformung. Solange jedoch die Elastizitätsgrenze in den Randfasern in keinem Kristalliten (Idealfall) überschritten wird, treten nur elastische Formänderungen auf, d. h., die mit der Formänderung einhergehende Verzerrung des Kristallgitters ist reversibel, so daß die Atome nach der Entlastung wieder die ursprüngliche Gleichgewichtslage einnehmen.

Bei der Biegung kann unter Zugrundelegung gewisser Annahmen im elastischen Bereich ein Zusammenhang zwischen dem Biegemoment und der in der Randfaser auftretenden Spannung aufgestellt werden. Zwei der Annahmen sind dabei, daß ein vor der Belastung ebener Querschnitt auch während der Belastung eben bleibt und daß das Hookesche Gesetz erfüllt ist und somit ein linearer Zusammenhang zwischen den Verformungen und den Spannungen im Querschnitt des Biegestabes besteht. Da aus der ersten Annahme folgt, daß die Verformungen proportional mit dem Abstand von der neutralen Faser ansteigen und nach der zweiten Annahme ein linearer Zusammenhang zwischen Verformung und Spannung besteht, müssen auch die Spannungen linear mit dem Abstand von der neutralen Faser ansteigen (Abb. 1)*. Nimmt man weiterhin an, daß sich die neutrale Faser bei Belastung nicht aus der Symmetrieachse des Biegestabes herausbewegt, so ergibt sich auf Grund der Gleichgewichtsbedingungen im Stabquerschnitt, daß die zug- und druckseitige Randfaserspannung gleich sind ($\sigma_D = \sigma_Z = \sigma$).

Mit Hilfe einer kurzen Integrationsrechnung ergibt sich unter Berücksichtigung der aufgeführten Annahmen der Zusammenhang zwischen dem Biegemoment M_b und der Randfaserspannung σ im rein elastischen Verformungsbereich des Biegestabes zu

$$M_b = W \cdot \sigma \qquad (1)$$

Sind das Biegemoment M_b und das Widerstandsmoment W bekannt, so kann nach Gl. (1) die zug- und druckseitige Randfaserspannung errechnet werden.

Steigt die Belastung des Werkstoffs über eine bestimmte Beanspruchungsgrenze, so treten plastische Formänderungen auf. Die plastische Formänderung beruht darauf, daß in einigen Kristalliten des Werkstoffes die maximal aufnehmbare Schubspannung überschritten wird, wodurch an diesen Stellen ein Gleiten im Gitter eintritt. Da bei vielkristallinen Stoffen, wie hier beim Stahl, die Kristallgitter eine unterschiedliche Ausrichtung zur Richtung der Zugspannung haben, liegt keine ausgezeichnete Gleitrichtung vor. So entsteht das Gleiten nicht gleichzeitig auf den Gleitebenen aller Kristallite, sondern zuerst in den Kristalliten, deren bevorzugte Gleitebenen parallel zur Beanspruchungsrichtung liegen. Bei der plastischen Verformung tritt während des Gleitens eine Verfestigung des Werkstoffs auf. Diese Verfestigung ist darauf zurückzuführen, daß bei dem Gleitvorgang Störstellen (Versetzungen) im Kristallgitter entstehen, die zu einer Erhöhung des Gleitwiderstandes führen. Daher erhöht sich auch bei plastischen Formänderungen die maximal aufnehmbare Schubspannung auf den Gleitebenen, so daß der Werkstoff mit zunehmender plastischer Verformung eine höhere Belastung bis zu einem bestimmten Grenzwert aufnehmen kann, ohne daß bereits eine Materialtrennung auftritt. Bei Werkstoffen, die nur geringfügig gleiten können und sich daher kaum plastisch verformen, kann auch keine nennenswerte Verfestigung auftreten, so daß der Werkstoff bereits bei geringer Überschreitung des elastischen Verformungsbereichs zu Bruch geht.

Zeigt ein Werkstoff während des Gleitens keine Verfestigung, sondern »fließt« er, ohne dabei seine maximal aufnehmbare Schubspannung zu erhöhen, so spricht man von einem Werkstoff mit konstanter Fließgrenze. Für einen Biegestab mit rechteckigem Querschnitt, der aus einem Werkstoff mit konstanter Fließgrenze besteht, soll im folgenden das übertragbare Biegemoment errechnet werden [1]. Da in einem solchen Biegestab in dem Bereich plastischer Verformung die von der Belastung unabhängige, konstante Fließgrenze als maximale Spannung auftritt, ergibt sich der in der Abb. 2a wieder-

---

* Die Abbildungen stehen im Anhang ab Seite 29.

gegebene Spannungsverlauf. Die aus dem Zugversuch ermittelte Spannungs–Dehnungs-Kurve eines Werkstoffes mit konstanter Fließgrenze zeigt die Abb. 2b. Dabei kann näherungsweise angenommen werden, daß der Anstieg der Spannung über der Dehnung zwischen der Elastizitätsgrenze und der Fließgrenze wie im rein elastischen Verformungsbereich geradlinig erfolgt. Nach dem Erreichen der Fließgrenze verformt sich jedoch dieser Werkstoff nur noch vollplastisch.

Bei der Berechnung des übertragbaren Biegemoments wird – ebenso wie bei den noch folgenden Biegemoment-Berechnungen – angenommen, daß die Querschnitte des Biegestabes während der Belastung eben bleiben und die neutrale Faserschicht durch die Mittellinie des Biegestabes führt.

Der unterschiedliche Spannungsverlauf im elastischen und überelastischen Verformungsbereich (Abb. 2a) macht eine getrennte Berechnung für die beiden Verformungsbereiche erforderlich. Die Berechnung ergibt für das übertragbare Biegemoment eines rechteckigen Biegestabes der Breite b und der Höhe h, dessen Werkstoff die konstante Fließgrenze σ_F hat,

$$M_b = \frac{b \cdot h^2 \cdot \sigma}{6} F \left[1{,}5 - 0{,}5 \left(\frac{a}{h} \right)^2 \right] \qquad (2)$$

Da die Höhe a des elastischen Verformungsbereichs eine nicht meßbare Größe darstellt, muß sie durch eine an der Oberfläche des Biegestabes zu messende Größe ersetzt werden. Dabei wird die Annahme getroffen, daß die Dehnungen mit dem Abstand von der neutralen Faser bis zur Oberfläche des Biegestabes linear ansteigen, d. h., der Dehnungsverlauf im elastischen und überelastischen Bereich gleich ist (Abb. 2a). Aus dieser Annahme ergibt sich die Beziehung

$$\frac{a}{h} = \frac{\varepsilon_F}{\varepsilon_R},$$

wobei ε_F die Dehnung an der Fließgrenze und ε_R die Dehnung der Randfaser bedeuten. Mit dieser Beziehung kann man für die Gl. (2) schreiben

$$M_b = W \cdot \sigma_F \left[1{,}5 - 0{,}5 \left(\frac{\varepsilon_F}{\varepsilon_R} \right)^2 \right] \qquad (3)$$

Für den Grenzfall der rein elastischen Verformung ($\varepsilon_R = \varepsilon_F$) wird aus Gl. (3) $M_b = W \cdot \sigma_F$. Diese Gleichung stimmt mit der Gl. (1) für rein elastische Formänderungen überein, wobei hier die Randspannung gleich der Fließgrenze ist.

Aus (3) und (1) ist zu ersehen, daß bei überelastischen Formänderungen ($\varepsilon_R > \varepsilon_F$) gegenüber den rein elastischen Formänderungen ($\varepsilon_R < \varepsilon_F$) das übertragbare Biegemoment um den Faktor $\left[1{,}5 - 0{,}5 \left(\frac{\varepsilon_F}{\varepsilon_R} \right)^2 \right]$ größer wird.

Definiert man eine fiktive Spannung $\sigma' = \sigma_F \left[1{,}5 - 0{,}5 \left(\frac{\varepsilon_F}{\varepsilon_R} \right)^2 \right]$, so ergibt sich für das übertragbare Biegemoment bei überelastischen Formänderungen und konstanter Fließgrenze

$$M_b = W \cdot \sigma' \qquad (4)$$

Damit stimmen die Gleichungen für den rein elastischen Bereich (1) und den überelastischen Bereich der Formänderungen (4) im Aufbau überein. Der Unterschied der beiden Gleichungen besteht jedoch darin, daß in der Gl. (1) das σ die wirklich auftretende Randspannung bedeutet, während in der Gl. (4) das σ' eine fiktive Vergleichsspannung darstellt, die an keiner Stelle des Biegestabes auftritt und die nur über die Belastungsfähigkeit des Biegestabes aussagt.

Führen überelastische Formänderungen durch Verfestigung zur kontinuierlichen Erhöhung der ertragbaren Spannung, so entsteht beim Zugversuch eine Spannungs–Dehnungs-Kurve nach Abb. 3b. Bei einem Biegestab, der aus einem sich verfestigenden Werkstoff besteht, steigt die Spannung nach Überschreiten der rein elastischen Verformungen von der Elastizitätsgrenze σ_E bis zur Randspannung σ weiterhin an (Abb. 3a). Unter der Annahme, daß die Dehnungen im überelastischen Bereich der Formänderungen ebenso linear und mit der gleichen Steigung wie im rein elastischen Bereich zunehmen und daß die aus dem Zugversuch ermittelte Spannungs–Dehnungs-Kurve auf die Beanspruchung der einzelnen Werkstoffschichten des Biegestabes übertragbar ist, kann mit Hilfe der gemessenen Randdehnung ε_R und der Spannungs–Dehnungs-Kurve aus dem Zugversuch der Spannungsverlauf im Querschnitt eines überelastisch verformten Biegestabes bestimmt werden (Abb. 3a). Da der Spannungsverlauf im überelastischen Verformungsbereich nicht durch eine integrierbare Funktion beschrieben werden kann, bietet sich hier für die Bestimmung des übertragbaren Biegemoments die graphische Integration an.

Wird ein Biegestab so stark durchgebogen, daß an jeder Stelle seines Querschnitts die vom Werkstoff maximal aufnehmbare Spannung erreicht wird, so liegt eine vollplastische Verformung vor, d. h., es treten in diesem Falle keine elastischen Verformungen auf. Die Abb. 4 zeigt, daß die Spannung in einem solchen vollplastisch verformten Biegestab an jeder Stelle des Querschnitts gleich groß ist.

Das von einem vollplastisch verformten Biegestab übertragbare Biegemoment beträgt

$$M_b = W \cdot \frac{3\,\sigma}{2} \qquad (5)$$

Vergleicht man die Gl. (1) und (5), so ist festzustellen, daß bei gleicher Randspannung der vollplastisch verformte Biegestab ein um 50% größeres Biegemoment übertragen kann als der rein elastisch verformte Biegestab.

Bei Belastungen, die zu überelastischen Formänderungen in den oberflächennahen Werkstoffschichten führen, werden auch die näher zur neutralen Faser liegenden Werkstoffschichten zur verstärkten Spannungsaufnahme herangezogen. In dem Maße, wie bleibende Verformungen des Biegestabes zugelassen werden können, ist somit eine bessere Ausnutzung der tiefer liegenden Werkstoffschichten möglich, da die Spannung dieser Schichten dann höhere Werte annehmen kann als bei einer geforderten rein elastischen Verformung des Biegestabes.

2.2. Schubspannungen

Bei der im Kap. 2.1. durchgeführten Behandlung des Spannungsverlaufs im Querschnitt eines Biegestabes wurde lediglich die Beanspruchung durch ein reines Biegemoment zugrunde gelegt, d. h., an den Stirnseiten des Biegestabes greift ausschließlich ein Kräftepaar (Biegemoment) an.

Wird der Biegestab nicht nur durch ein reines Biegemoment, sondern zusätzlich durch eine Kraft senkrecht zur Längsachse belastet, so muß der Biegestab neben dem Biegemoment auch Querkräfte aufnehmen. Dadurch entstehen im Querschnitt des Biegestabes infolge der Querkräfte neben den Normalspannungen auch noch Schubspannungen.

Bei der Berechnung der in einem Biegestab mit Rechteckquerschnitt auftretenden Schubspannungen wird angenommen, daß die Schubspannungen über der Breite b des Querschnitts gleichmäßig verteilt sind und zur Höhe h parallel verlaufen.
Nach PÖSCHL [2] verursacht die Querkraft Q im Abstand η von der neutralen Achse die Schubspannung

$$\tau(\eta) = \frac{6 \cdot Q}{b \cdot h^3} \left(\frac{h^2}{4} - \eta^2 \right) \qquad (6)$$

Danach sind die Schubspannungen parabolisch über den Querschnitt verteilt. Da an der Oberfläche des Biegestabes keine Schubspannungen übertragen werden können, ergibt sich für $\eta = h/2$, daß die Schubspannungen hier zu Null werden. Der Höchstwert der Schubspannungen von

$$\tau_{max} = \frac{3}{2} \frac{Q}{b h} \qquad (7)$$

muß dann in der Mitte des Querschnitts ($\eta = 0$) auftreten.

Da bei der Berechnung der Gl. (6) ein linearer Anstieg der Normalspannungen im Querschnitt zugrunde gelegt wurde, kann die Gl. (6) nur zur Ermittlung der Schubspannungen bei rein elastischen Verformungen herangezogen werden.
Weiterhin hat die Gl. (6) nach PÖSCHL [2] ihre volle Gültigkeit nur dann, wenn die Breite b gegenüber der Höhe h des Biegestabes sehr klein ist (z. B. Stegbleche). Je größer das Verhältnis der Breite b zur Höhe h wird, um so weniger ist die Gl. (6) brauchbar. Es können dann z. B. Schubspannungen auftreten, die doppelt so groß wie die errechneten Schubspannungen sind.
Da die Schubspannungen nicht nur in Richtung der Querschnittsebenen, sondern auch parallel zur Längsachse des Biegestabes – also senkrecht zu den Querschnittsebenen – wirken, und dabei einen parabolischen Spannungsverlauf zeigen, verformen die Schubspannungen die Querschnittsebenen parabolisch. Während bei der Belastung durch ein reines Biegemoment die Querschnitte infolge der linearen Spannungsverteilung im elastischen Bereich eben bleiben, können bei einer Querkraftbelastung durch die parabolische Schubspannungsverteilung die Querschnitte nicht mehr eben bleiben. Inwieweit die im Kap. 2.1. gefundenen Gleichungen über den Zusammenhang zwischen dem übertragenen Biegemoment und der Randspannung, bei deren Ableitung das Ebenbleiben der Querschnitte vorausgesetzt wurde, auch bei einer Querkraftbelastung noch Gültigkeit haben, darüber sollen die folgenden Erörterungen Auskunft geben.
Die getrennte Berechnung der Normalspannungen und der Schubspannungen und die anschließende Addition der Spannungswerte stellt nur eine Näherungsrechnung zur Ermittlung der resultierenden Spannungen dar, weil nach PÖSCHL [2] bei diesem Berechnungsgang nicht die Verträglichkeitsbedingungen berücksichtigt werden. Die Verträglichkeitsbedingungen besagen, daß bei dem gleichzeitigen Vorhandensein von Normalspannungen und Schubspannungen die durch diese Spannungen hervorgerufenen Dehnungen und Schiebungen die Bedingungsgleichung für den inneren Zusammenhang des Körpers erfüllen müssen. Daher läßt die bei der Berechnung der Normalspannungen und Schubspannungen nicht berücksichtigte Abhängigkeit zwischen Dehnungen und Schiebungen nur eine Näherungsrechnung zu.
Unter der Voraussetzung rein elastischer Verformung und damit linearer Spannungsverteilung im Querschnitt des Biegestabes erhält man mit Hilfe der Gl. (1) für einen Biegestab der Breite b, der Höhe h und dem Auflagerabstand l bei einer Belastung durch

die in der Mitte zwischen den Auflagern angreifende Kraft F die im Abstand η von der Längsachse entstehende Normalspannung zu

$$\sigma(\eta) = \frac{3 \cdot F \cdot l}{b \cdot h^3} \cdot \eta \tag{8}$$

Berücksichtigt man, daß die Querkraft $Q = F/2$ beträgt, so erhält man nach der Addition der Gl. (8) und (6) die resultierende Spannungsverteilung

$$\sigma_{\text{res}}(\eta) = \sigma(\eta) + \tau(\eta) = \frac{3 \cdot F \cdot l}{b \cdot h^3} \eta + \frac{3 \cdot F}{b \cdot h^3} \left(\frac{h^2}{4} - \eta^2 \right) \tag{9}$$

Für $\eta = 0$ wird $\sigma_{\text{res}} = \tau_{\max} = 3 \cdot F/4 \cdot b \cdot h$
Für $\eta = h/2$ wird $\sigma_{\text{res}} = \sigma_{\max} = 3 \cdot F \cdot l/2 \cdot b \cdot h^2$

Die Schubspannung erreicht also gerade dort ihr Maximum, wo die Normalspannung zu Null wird und umgekehrt.

Setzt man $\tau_{\max} = \sigma_{\max}$, so bekommt man mit $h/l = 2$ das Verhältnis der Höhe h des Biegestabes zu seinem Auflagerabstand l, bei dem der Maximalwert der Schubspannung gleich dem Maximalwert der Normalspannung ist.

Somit gilt für

$$h/l > 2 \quad \tau_{\max} > \sigma_{\max}$$

$$h/l < 2 \quad \tau_{\max} < \sigma_{\max}$$

Setzt man in der Gl. (9) $\sigma_{\text{res}}(\eta) = A(\eta) \cdot \sigma_{\max}$, wobei $\sigma_{\max}$ der Maximalwert der Normalspannung in der Randfaser bedeutet, so erhält man das Verhältnis der resultierenden Spannung $\sigma_{\text{res}}(\eta)$ zur Randspannung $\sigma_{\max}$ zu

$$A(\eta) = \frac{2}{h} \eta + \frac{2}{h \cdot l} \left(\frac{h^2}{4} - \eta^2 \right) \tag{10}$$

In der folgenden Tabelle sind für verschiedene Abstände η von der Längsachse die Verhältniswerte $A(\eta)$ aufgeführt.

η	0	$h/8$	$h/4$	$3h/8$	$h/2$
$A(\eta)$	0,5 h/l + 0	0,47 h/l + 0,25	0,38 h/l + 0,50	0,22 h/l + 0,75	0 + 1

In dieser Tabelle stellt der erste Ausdruck für $A(\eta)$ die Abweichung des Spannungsverlaufs von dem linearen Spannungsverlauf infolge des Querkrafteinflusses dar.

Für einen Biegestab, bei dem das Verhältnis der Höhe zum Auflagerabstand $h/l = 2$ beträgt, wurde mit Hilfe der $A(\eta)$-Werte die Spannungsverteilung im Querschnitt eines Querkraft-belasteten Biegestabes ermittelt und aufgezeichnet (Abb. 5). Danach treten die maximalen resultierenden Spannungen nicht in der Randfaser, sondern in der Mitte zwischen der Symmetrieachse (Mittellinie) und der Randfaser auf. Daher ist die Berechnung der maximalen Spannung bei kurzen, hohen Biegestäben unter Vernachlässigung der Schubspannungen nach der Gl. (1) $M_b = W \cdot \sigma$ nicht zulässig, da diese Gleichung gegenüber den wahren Spannungswerten zu niedrige Werte ergibt. Der Einfluß der Schubspannungen wird immer unbedeutender, je länger und flacher die Biegestäbe sind, so daß bei diesen Biegestäben die maximal auftretende Spannung in der Randfaser entsteht und somit die Gl. (1) angewandt werden kann. Wenn auch bei schlanken Biegestäben die maximalen Spannungen in der Randfaser auftreten, so können doch erhebliche Abweichungen von der linearen Spannungsverteilung im Querschnitt entstehen, wodurch sich die Querschnitte bei Belastung auswölben. Da aber bei der Ableitung der Gl. (1) eine der Annahmen das Ebenbleiben der Querschnitte war, können die Ergebnisse dieser Biegeformel auch aus diesem Grund nur Näherungslösungen darstellen.

Selbst bei einem schlanken Biegestab der Höhe $h = 2$ mm und dem Auflagerabstand $l = 40$ mm ($h/l = 0,05$) beträgt der Anteil der Schubspannungen noch 9,4% der an der gleichen Stelle auftretenden Normalspannungen, wie die nachstehende Tabelle zeigt:

η	0	$h/8$	$h/4$	$3h/8$	$h/2$
$\dfrac{\tau}{\sigma} \cdot 100$ (%)	2,5	9,4	3,8	1,5	0

So kann abschließend gesagt werden, daß der Fehler bei der Näherungsrechnung nach der Biegeformel $M_b = W \cdot \sigma$ um so kleiner ist, je schlanker der Querkraft-belastete Biegestab ist, d. h., das Verhältnis von Querschnittshöhe zu Auflagerabstand muß klein sein.

2.3. Durchbiegung

Aus der Differentialgleichung der elastischen Linie ergibt sich bei einem Biegestab mit Rechteckquerschnitt und mittig angreifender Last F bei dem Auflagerabstand l, dem Elastizitätsmodul E, der Breite b und der Höhe h die durch das im Biegestab wirkende Moment hervorgerufene Durchbiegung zu

$$f_M = y_{\max} = \frac{F \cdot l^3}{4 \cdot E \cdot b \cdot h^3} \qquad (11)$$

Durch die Querkraftbelastung entsteht eine zusätzliche Durchbiegung. Angenähert erhält man diese – ausschließlich durch die Schubspannungen hervorgerufene – Durchbiegung bei einem in der Mitte durch die Last F belasteten Biegestab zu $f_s = 0,3 \cdot \beta \cdot F \cdot l/b \cdot h$. Mit der Schubzahl $\beta = 2(l + \mu)/E$ und unter Einbeziehung der Poissonschen Konstanten für Stahl mit $\mu = 0,3$ wird

$$f_S = \frac{0,78 \cdot F \cdot l}{E \cdot b \cdot h} \qquad (12)$$

Nach der Addition der Gl. (11) und (12) erhält man dann für die gesamte Durchbiegung

$$f = f_M + f_S = \frac{F \cdot l}{E \cdot b \cdot h} \left[0,25 \left(\frac{l}{h} \right)^2 + 0,78 \right] \qquad (13)$$

Daraus ergibt sich das Verhältnis zwischen der durch die Schubspannungen hervorgerufenen Durchbiegung und der Durchbiegung auf Grund des Momentes zu

$$\frac{f_S}{f_M} = \frac{0,78}{0,25 \left(\dfrac{l}{h} \right)^2} \qquad (14)$$

Für einen Biegestab, bei dem das Verhältnis der Höhe zum Auflagerabstand $h/l = 2$ beträgt, ergibt sich das Verhältnis $f_S/f_M = 12{,}5$. Somit ist bei kurzen, hohen Biegestäben der Einfluß der Schubspannungen auf die Durchbiegung weitaus größer als der Einfluß des Biegemoments. Die Durchbiegung solcher Biegestäbe kann also keineswegs nach der Gl. (11) berechnet werden, sondern ihre Berechnung muß nach der Gl. (13) erfolgen.

Dagegen führt ein Biegestab, wie er für die folgenden Biegeversuche verwendet wurde, mit $h = 2$ mm und $l = 40$ mm ($h/l = 0{,}05$) zu dem Verhältnis $f_S/f_M = 0{,}0078$. Somit kann bei einem solchen schlanken Biegestab der Einfluß der Schubspannungen bei der Berechnung der Durchbiegung vernachlässigt werden.

3. Biegevorrichtung für kleine Lasten

Da die Biegeversuche in erster Linie das Biegeverhalten des Stahles X 40 Cr 13 im Anfangsbereich der plastischen Formänderungen klären sollten, war die Entwicklung einer Biegevorrichtung (Abb. 6) erforderlich, die es gestattet, die zu untersuchenden Biegeproben mit kleinen, genau meßbaren Lasten zu belasten und die dabei entstehenden Durchbiegungen genau messen zu können.

Die Wirkungsweise dieser Biegevorrichtung veranschaulicht die Abb. 7. Durch Drehung des Handrades längt die Zugspindel 2 über ein Querjoch die beiden seitlich und parallel zur Zugspindelachse angeordneten Zugfedern 3, die ihrerseits über ein weiteres Querjoch und zwei vertikal geführte Zapfen die Kraft auf den Druckstempel 1 übertragen. Der Druckstempel 1 belastet nun seinerseits die auf zwei Auflagern liegende Biegeprobe 4. Um verschiedene Entfernungen zwischen den Auflagern einstellen zu können, sind die Auflager so angeordnet, daß sie senkrecht zur Belastungsrichtung verschoben werden können. Die Krümmungsradien der Auflager und der Biegeschneide am Druckstempel betragen 1,5 mm. Die Auflager und der Druckstempel bestehen aus dem legierten Werkzeugstahl X 210 Cr 12 und wurden durch eine entsprechende Wärmebehandlung auf eine Härte von 65 HRC gebracht.

Die Messung der vom Druckstempel aufgebrachten Kraft erfolgte über die Auslenkung der Zugfeder. Die Kraftmessung wurde dabei so vorgenommen, daß der Taststift einer Meßuhr, die mit dem unterhalb der Zugfeder angebrachten Querjoch verbunden war, eine Verlängerung des oberhalb der Zugfeder angebrachten Querjoches berührte und somit auf der Meßuhr die Auslenkung der Zugfeder abgelesen werden konnte (Abb. 7). Mit Hilfe einer Zugfeder-Eichkurve wurden die Biegelasten eingestellt.

Die Messung der Durchbiegung der Biegeprobe erfolgte in der Weise, daß der Taststift einer am Gehäuse der Biegevorrichtung befestigten Meßuhr die Verlängerung des oberhalb der Zugfeder angebrachten Querjoches berührte (Abb. 7). Um zu erreichen, daß die Verformungen der kraftübertragenden Bauteile in die Messung der Durchbiegung nur vernachlässigbar klein eingehen, wurden diese Bauteile mit entsprechend großen Querschnitten ausgelegt.

Das obere Querjoch mit dem Druckstempel ist mit zwei senkrecht stehenden Zapfen verbunden. Diese Zapfen werden durch Hülsen geführt. Wenn auch die Gleitflächen der Zapfen geschmiert wurden, so traten doch Reibkräfte auf, und ein kleiner Teil der gemessenen Federkraft wurde nicht auf den Druckstempel übertragen. Mit einem am Druckstempel angebrachten, horizontal schwingenden elektro-magnetischen Vibrator war es möglich, die Reibstellen der Zapfen kurzzeitig von den Hülsen abzuheben, so daß die gesamte Federkraft zum Druckstempel gelangte. Nach dem Ausschalten des Vibrators berührten zwar die Zapfen wieder die Hülsen, aber an den Berührungsstellen wurden nunmehr keine Bewegungen und damit keine Reibkräfte übertragen, so daß der an der Kraftmeßuhr abgelesene Wert der wahren Biegelast entsprach.

4. Biegeversuche an unterschiedlich wärmebehandelten Stahlproben

4.1. Versuchsdurchführung

Die Proben des rostbeständigen Stahles X40Cr13 wurden aus gewalztem Blech so gefertigt, daß die Probenlängsachse mit der Walzrichtung übereinstimmte. Nach dem Härten von drei verschiedenen Härtetemperaturen, und zwar 980°C, 1045°C bzw. 1100°C und einer Erwärmungs- und Haltezeit von 18 min sowie Ölablöschung, wurden die Stahlproben auf die Abmessungen $60 \times 10 \times 2$ mm fertig geschliffen. Nach dem Schleifen erfolgte die Anlaßbehandlung bei Temperaturen zwischen 100 und 550°C bei zwei Erwärmungs- und Haltezeiten von 15 und 300 min.

Die Stahlproben wurden bei einem Auflagerabstand von 40 mm auf der Biegevorrichtung (Kap. 3) mittig stufenweise bis zu einer maximalen Last von 170 kp belastet. Nach jeder Laststufe wurde auf eine Vorlast von 10 kp entlastet und danach die plastische Durchbiegung an der Meßuhr abgelesen. In dem Lastbereich bis zu 170 kp wurden bei den jeweils eingestellten Lasten die dazugehörigen Durchbiegungen gemessen. Aus den an jeweils fünf Versuchsproben ermittelten Ergebnissen wurde ein Mittelwert gebildet.

Da auf der Biegevorrichtung nur Lasten bis zu 170 kp aufgebracht werden konnten, erfolgte im Lastbereich von 170 kp bis zur Bruchlast die Untersuchung auf einer normalen Universalprüfmaschine, für die wegen der kleinen Probenabmessungen und wegen der Einhaltung der Versuchsbedingungen, die bei der kleinen Biegevorrichtung vorlagen, eine entsprechende Aufnahmevorrichtung für die Biegeproben und ein besonderer Druckstempel hergestellt wurden.

Die Berechnung der in den Randfasern auftretenden Biegespannungen aus der mittig angreifenden Last F erfolgte im elastischen Verformungsbereich nach der Gl. (1) $M_b = W \cdot \sigma$ (Kap. 2.1.), wobei für das Biegemoment $M_b = F \cdot l/4$ und für das Widerstandsmoment $W = b \cdot h^2/6$ eingesetzt wurde. Somit stellt die Berechnung der Biegespannungen im elastischen Verformungsbereich eine recht gute Näherung dar, da nach Kap. 2.1. bei einer Probenhöhe von $h = 2$ mm und einem Auflagerabstand von $l = 40$ mm das Verhältnis der Schubspannungen zu den Normalspannungen den Wert von 0,094 nicht übersteigt. Dagegen bedeutet die Berechnung der Biegespannungen nach der Gleichung $M_b = W \cdot \sigma$ im überelastischen Verformungsbereich nur eine recht grobe Näherungsrechnung, wobei die errechnete Spannung lediglich eine fiktive Vergleichsspannung ist, die weitaus größer sein kann als die wirklich in der Randfaser auftretende Biegespannung.

Um den Einfluß der Probenhöhe auf die Durchbiegung zu untersuchen, wurden verschieden hohe Stahlproben durchgebogen und dabei ihre plastischen Verformungen bestimmt. In der Abb. 8 ist der Zusammenhang zwischen der nach der Gleichung $\sigma_b = M_b/W$ errechneten Biegespannung und der plastischen Durchbiegung bei Stahlproben verschiedener Querschnittshöhe aufgetragen. Aus der Abb. 8 ist zu ersehen, daß im überelastischen Verformungsbereich bei der gleichen errechneten Biegespannung σ_b die Biegeproben mit größerer Querschnittshöhe größere plastische Durchbiegungen aufwiesen als die flachen Biegeproben.

Daher mußte, um eine möglichst genaue Aussagefähigkeit der Versuchsergebnisse über den Einfluß der Wärmebehandlung auf das Biegeverhalten des Stahles zu gewährleisten, neben den anderen Versuchsbedingungen vor allem die Probenhöhe in engen Grenzen gehalten werden. Bei der Probenherstellung wurde deswegen das Höhenmaß von $2 \pm 0,01$ mm eingehalten.

4.2. Ergebnisse der Biegeversuche

Aus den Abb. 9–11 sind die Biegekurven der plastischen Verformung bei verschiedenen Anlaßtemperaturen und den drei Härtetemperaturen von 980°C, 1045°C und 1100°C zu ersehen. Die Härtetemperaturen von 980°C (Abb. 9) und 1045°C (Abb. 10) und die anschließende Anlaßbehandlung lassen bei den Biegekurven in etwa drei verschiedene Anlaßtemperaturbereiche erkennen, in denen die Biegekurven in Abhängigkeit von der Anlaßtemperatur einen annähernd gleichen Verlauf aufweisen. So verursachen die Anlaßtemperaturen von 20°C bis 125°C einen steilen Anstieg der Biegekurven, d. h., daß die plastische Verformung nur verhältnismäßig gering mit der Biegespannung zunimmt. In dem Anlaßtemperaturbereich von 200°C bis 450°C sind die Biegekurven weitaus stärker gekrümmt und liegen im Verformungsbereich kleiner plastischer Durchbiegungen über den Biegekurven der bei niedriger Temperatur angelassenen Stahlproben. Bei größeren plastischen Verformungen ergibt sich jedoch das umgekehrte Verhalten der Biegekurven beider Anlaßtemperaturbereiche. Hier verursacht der Anlaßtemperaturbereich von 200°C bis 450°C bei gleicher Biegespannung größere plastische Durchbiegungen als der Anlaßtemperaturbereich von 20°C bis 125°C. Bei den Anlaßtemperaturen von 500°C und 550°C vermindert sich die elastische Verformbarkeit erheblich, so daß bereits bei niedrigen Biegespannungen große plastische Durchbiegungen auftreten.

Wird jedoch beim Härten des Stahles eine Härtetemperatur von 1100°C (Abb. 11) gewählt, so verursachen die verschiedenen Anlaßtemperaturen – abgesehen von der steilen Biegekurve bei der Anlaßtemperatur von 125°C – eine angenähert gleiche Krümmung der Biegekurven, d. h., gleiche Zunahme der plastischen Verformung mit der Biegespannung.

Um den Einfluß der Anlaßtemperatur auf das Biegeverhalten bei kleinen plastischen Verformungen besser erkennen zu können, wurden die in den Abb. 9–11 wiedergegebenen Versuchsergebnisse in den Abb. 12–14 über der Anlaßtemperatur mit der plastischen Durchbiegung als Parameter aufgetragen. Aus den Abb. 12–14 ist zu ersehen, daß die Kurven der Biegespannungen über der Anlaßtemperatur bei den verschiedenen plastischen Durchbiegungen nicht parallel zueinander verlaufen. Während bei niedrigen plastischen Durchbiegungen das Maximum der Biegespannungs–Anlaßtemperatur-Kurven bei hohen Anlaßtemperaturen liegt, verschiebt sich das Maximum bei großen plastischen Durchbiegungen in den Bereich niedriger Anlaßtemperaturen. Eine Erhöhung der plastischen Durchbiegungen um den gleichen Betrag sowohl im Bereich niedriger als auch hoher Anlaßtemperaturen erfordert somit bei niedrigen Anlaßtemperaturen eine stärkere Erhöhung der Biegespannungen als bei hohen Anlaßtemperaturen.

Im folgenden werden die Biegespannungen, bei denen eine ganz bestimmte plastische Durchbiegung hervorgerufen wird, als Biegegrenze bezeichnet. So bedeutet beispielsweise die 0,1-Biegegrenze $\sigma_{b0,1} = 230$ kp/mm², daß eine Biegespannung von 230 kp/mm² eine plastische Durchbiegung von 0,1 mm verursacht. Um nun eine Aussage über den Einfluß der Wärmebehandlung auf das elastische und überelastische Biegeverhalten zu bekommen, ist die für die Bestimmung der Biegegrenze festgelegte plastische Durchbiegung ausschlaggebend.

Will man das elastische Verhalten und die Größe des rein elastischen Verformungsbereichs der Biegeproben bestimmen, so müssen für die Ermittlung der Biegegrenze möglichst kleine plastische Durchbiegungen festgelegt werden. Bei den hier zu besprechenden Versuchen wurde die kleinste plastische Durchbiegung auf 0,02% des Auflagerabstands (40 mm) festgelegt. Das entspricht einer plastischen Verformung an der Stelle der größten Durchbiegung von 0,008 mm. Damit ergibt sich die 0,008-Biegegrenze, die bei der vorliegenden Versuchsanordnung noch mit ausreichender Genauigkeit zur Beurteilung des elastischen Biegeverhaltens herangezogen werden konnte. Eine Kenngröße für den überelastischen Verformungsbereich kann die im allgemeinen bei Biegeversuchen sonst übliche 0,1-Biegegrenze darstellen, da hier die größere plastische Durchbiegung von 0,1 mm zugrunde gelegt werden kann.

In der Abb. 15 sind die 0,008-Biegegrenze, die 0,1-Biegegrenze, die Härte und die Biegefestigkeit in Abhängigkeit von der Anlaßtemperatur (Anlaß-Haltezeit 15 min) und den Härtetemperaturen 980°C, 1045°C und 1100°C aufgetragen. Die 0,008-Biegegrenze steigt bei den von 980°C gehärteten Biegeproben mit höheren Anlaßtemperaturen an und erreicht bei der Anlaßtemperatur von 450°C mit $\sigma_{b0,008} = 184$ kp/mm² das Maximum. Es ist anzunehmen, daß in dem Temperaturbereich bis zu etwa 200°C der Anstieg der 0,008-Biegegrenze durch den Abbau der nach dem Härten im Werkstoff vorhandenen Eigenspannungen beeinflußt wird. Der geringere Anstieg der 0,008-Biegegrenze in dem Anlaßtemperaturbereich von etwa 200°C bis 450°C beruht wahrscheinlich auf der Ausheilung von Rißkeimen durch Diffusion der bei höheren Temperaturen beweglicheren Kohlenstoffatome. Bei dem Stahl X40Cr13 kann es außerdem bei Temperaturen über 200°C zu Ausscheidungen auf den Gleitebenen kommen, die den Anstieg der 0,008-Biegegrenze bedingen können. Der Abfall der 0,008-Biegegrenze nach den Anlaßtemperaturen über 450°C ist wahrscheinlich darauf zurückzuführen, daß bei diesen hohen Temperaturen bereits gröbere Karbide auftreten, die den Gleitvorgang weniger behindern, als die sehr feinen Ausscheidungen bei den tieferen Anlaßtemperaturen.

Wird eine Härtetemperatur von 1045°C gewählt, so liegen die 0,008-Biegegrenzen nach den verschiedenen Anlaßbehandlungen um etwa 20–50 kp/mm² niedriger als bei der Anwendung der Härtetemperatur von 980°C (Abb. 15). Die Kurve der 0,008-Biegegrenze der Biegeproben, die mit einer Härtetemperatur von 1100°C gehärtet wurden, zeigen gegenüber den anderen 0,008-Biegegrenze-Kurven einen abweichenden Verlauf. Hier tritt nicht nur bei der Anlaßtemperatur von 450°C, sondern auch bei der Anlaßtemperatur von 125°C ein Maximum auf. Zwischen den beiden Maxima liegt bei ca. 200°C die 0,008-Biegegrenze mit $\sigma_{b0,008} = 70$ kp/mm² noch unter dem Wert, der an den nicht angelassenen Biegeproben festgestellt wurde. Diese Abweichungen gegenüber dem gleichmäßigen Anstieg der 0,008-Biegegrenze-Kurven nach dem Härten von 980°C und 1045°C beruht wahrscheinlich darauf, daß beim Ablöschen aus der hohen Härtetemperatur von 1100°C ein grobkörniger Martensit (stärkere Rißkeime) mit einem höheren Anteil an Restaustenit entsteht, dessen Zerfall erst bei Anlaßtemperaturen von über 200°C wieder in Verbindung mit Ausscheidungen bzw. größerer Atombeweglichkeit zu einem Anstieg der Biegegrenze führt.

Grundsätzlich ist festzustellen, daß mit erhöhter Härtetemperatur die 0,008-Biegegrenze bei nahezu allen Anlaßtemperaturen absinkt. Die besten elastischen Eigenschaften,

d. h., die bei der Biegebelastung kleinsten plastischen bzw. bleibenden Verformungen, treten bei dem Stahl X 40 Cr 13 bei Anlaßtemperaturen um 450°C auf, wenn das Härten zuvor bei der niedrigen Härtetemperatur von etwa 980°C erfolgte.

Bei der Biegung im überelastischen Verformungsbereich konnte die 0,1-Biegegrenze als charakteristische Kenngröße gelten (Abb. 15). Nach dem Härten bei den Härtetemperaturen von 980°C und 1045°C hat die 0,1-Biegegrenze nahezu über dem gesamten Anlaßtemperaturbereich bis zu 550°C den Wert von $\sigma_{b0,1} \cong 230$ kp/mm². Nur im unteren und oberen Anlaßtemperaturbereich treten Abweichungen von ± 20 kp/mm² auf. Das Härten bei der Härtetemperatur von 1100°C verursacht dagegen bei der 0,1-Biegegrenze einen ähnlichen Kurvenverlauf wie bei der 0,008-Biegegrenze. Auch hier tritt ein Maximum im Bereich der Anlaßtemperatur von 125°C auf. Dieses bei der Härtetemperatur von 1100°C abweichende Verhalten der 0,1-Biegegrenze muß auf ähnliche Vorgänge, wie sie bereits bei der Diskussion über die 0,008-Biegegrenze dargestellt wurden, zurückzuführen sein.

Der Einfluß der Wärmebehandlung auf die Härte des Stahles X 40 Cr 13 wird ausführlicher in einem früheren Forschungsbericht des Forschungsinstitutes behandelt [5]. Hier sollen die Härte-Anlaßtemperatur-Kurven nur zu einer vergleichenden Betrachtung mit den Biege-Kenngrößen herangezogen werden (Abb. 15). Der geringfügige Härteanstieg des Stahles bei der Anlaßtemperatur von ca. 125°C gegenüber dem nicht angelassenen Stahl ist nicht auf Gefügeumwandlungen zurückzuführen, sondern beruht auf einer Verminderung der vom Härten herrührenden Eigenspannungen im Werkstoff und auf Rißkeimausheilung. Bei den Anlaßtemperaturen um 200°C setzt der Martensitzerfall ein, wodurch ein starker Härteabfall entsteht. Bei den hohen Anlaßtemperaturen um 450°C scheiden sich Legierungskarbide in feinster Verteilung auf den Gleitebenen aus, die der Bewegung auf den Gleitebenen einen größeren Widerstand entgegensetzen und bei der Abkühlung aus der Anlaßtemperatur eine Restaustenitumwandlung bewirken, so daß der mit höherer Anlaßtemperatur verbundene Härteabfall verhindert wird und darüber hinaus ein geringfügiger Härteanstieg entsteht. Bei Anlaßtemperaturen über 450°C kommt es zur Bildung gröberer Karbide. Die nun entstehenden Karbide setzen den Bewegungen auf den Gleitebenen einen weitaus geringeren Widerstand entgegen, so daß der Werkstoff leichter fließen kann und damit auch eine geringere Härte aufweist.

Die Biegefestigkeit σ_{bB} stellt die aus der Belastung errechnete Biegespannung dar, bei der der Biegestab zu Bruch geht. Aus der Abb. 15 ist zu ersehen, daß nach den Härtetemperaturen von 980°C und 1045°C bei den verschiedenen Anlaßtemperaturen in etwa die gleiche Biegefestigkeit bei beiden Härtetemperaturen erreicht wird. Nur bei dem nicht angelassenen Stahl ergibt die Härtetemperatur von 980°C gegenüber der Härtetemperatur von 1045°C eine um etwa 50 kp/mm² höhere Biegefestigkeit von $\sigma_{bB} = 380$ kp/mm². Bei der Wahl der Härtetemperaturen von 980°C und 1045°C entsteht bei der Anlaßtemperatur von 125°C ein Maximum der Biegefestigkeit von $\sigma_{bB} = 380$ kp/mm² bzw. 370 kp/mm². Nach diesem Maximum fällt die Biegefestigkeit allmählich ab und erreicht bei der Anlaßtemperatur von 550°C einen Wert von $\sigma_{bB} \cong 315$ kp/mm².

Wird von 1100°C gehärtet, so erreicht die Biegefestigkeit nur in dem Anlaßtemperaturbereich von 400°C bis 450°C Werte, die bei den beiden anderen Wärmebehandlungen erhalten wurden. Bei niedrigen Anlaßtemperaturen von 100°C bis 200°C werden nur Biegefestigkeitswerte um etwa 240 kp/mm² erreicht, nach einem starken Anstieg bei höheren Anlaßtemperaturen (max. bei ca. 400°C bis 450°C) erfolgt dann über 450°C ein starker Abfall der Biegefestigkeit.

Eine vergleichende Betrachtung der in der Abb. 15 wiedergegebenen Kurven zeigt, daß im allgemeinen bei den Anlaßtemperaturen um 125°C maximale Werte der Biegefestigkeit, der Härte und der 0,1-Biegegrenze auftreten. Bei der Anlaßtemperatur von etwa 450°C ergibt die 0,008-Biegegrenze maximale Werte. Im allgemeinen ist festzustellen, daß bei fast allen Anlaßtemperaturen die Biegefestigkeit, die 0,1-Biegegrenze und die 0,008-Biegegrenze mit steigender Härtetemperatur von 980°C bis 1100°C abfällt, während die Härte in diesem Temperaturbereich mit steigenden Härtetemperaturen zunimmt.

Während die in der Abb. 15 wiedergegebenen Versuchsergebnisse an Stahlproben ermittelt wurden, die 15 min lang angelassen wurden, sind in der Abb. 16 die Versuchsergebnisse an Stahlproben aufgezeichnet, die 300 min angelassen wurden. Bei einem Vergleich der Abb. 15 mit der Abb. 16 ist zu erkennen, daß bei längerer Anlaß-Haltezeit die 0,008-Biegegrenze bei Anwendung der Härtetemperaturen von 1045°C und 1100°C höhere Werte ergibt als bei den kürzeren Anlaß-Haltezeiten. Auf die 0,008-Biegegrenze der mit 980°C gehärteten Stahlproben hat die Anlaß-Haltezeit keinen Einfluß. Dagegen zeigt sich bei der 0,1-Biegegrenze ein umgekehrtes Verhalten. Hier führt die lange Anlaß-Haltezeit bei dem von 980°C gehärteten Stahl zu einer Verminderung der 0,1-Biegegrenze, während bei der Anwendung der Härtetemperaturen von 1045°C und 1100°C die Anlaß-Haltezeit keinen nennenswerten Einfluß auf die 0,1-Biegegrenze hat.

Weiterhin ist aus der vergleichenden Betrachtung der Abb. 15 und 16 zu ersehen, daß die Anlaß-Haltezeit keinen wesentlichen Einfluß auf die Härte des Stahles hat. Demgegenüber ist in dem Anlaßtemperaturbereich von etwa 125°C bis 450°C festzustellen, daß die Biegefestigkeit nach langer Anlaß-Haltezeit bei Anwendung der Härtetemperatur von 980°C etwas abnimmt und bei Anwendung der Härtetemperatur von 1045°C etwas zunimmt.

Bei Anlaßtemperaturen über 450°C führt die lange Anlaß-Haltezeit von 300 min im allgemeinen gegenüber der kurzen Anlaß-Haltezeit von 15 min zu einer stärkeren Verminderung der 0,008-Biegegrenze, der 0,1-Biegegrenze, der Härte und der Biegefestigkeit.

In der Abb. 17 sind die 0,008-Biegegrenze, die 0,1-Biegegrenze und die Biegefestigkeit in Abhängigkeit von der Härte aufgetragen. Dabei wurden die Härten der Biegeproben nach allen untersuchten Anlaßbehandlungen berücksichtigt. Die 0,008-Biegegrenze steigt bei der Wahl einer Härtetemperatur von 980°C mit zunehmender Härte bis auf ca. 180 kp/mm² entsprechend einer Vickershärte von 550 kp/mm² an. Bei höheren Härten fällt die 0,008-Biegegrenze wieder ab. Wird jedoch von 1045°C gehärtet, so steigt die 0,008-Biegegrenze weniger steil an und erreicht erst bei der höheren Vickershärte von etwa 600 kp/mm² ein Maximum, das hier aber nur ca. 170 kp/mm² beträgt.

Die Härtetemperaturen 980°C und 1045°C führen zu dem gleichen Anstieg der 0,1-Biegegrenze mit zunehmender Härte (Abb. 17). Jedoch ergibt die Härtetemperatur 980°C ein niedrigeres Maximum. Dieses Maximum beträgt etwa 235 kp/mm² bei einer Vickershärte von ca. 600 kp/mm². Dagegen steigt die 0,1-Biegegrenze nach dem Härten von 1045°C bis auf etwa 270 kp/mm² an und fällt selbst bei den hohen Vickershärten bis ca. 700 kp/mm² noch nicht ab.

Nach Abb. 17 führen die Härtetemperaturen von 980°C und 1045°C zu der gleichen Abhängigkeit zwischen der Biegefestigkeit und der Härte. Bei der Vickershärte von etwa 670 kp/mm² erreicht die Biegefestigkeit ihr Maximum von ca. 390 kp/mm². Danach fallen die Biegefestigkeitswerte mit steigender Härte steil ab.

In der Abb. 17 wurden die Versuchsergebnisse an Biegeproben, die von der Härtetemperatur 1100°C gehärtet worden waren, nicht wiedergegeben, da hier kein eindeutiger Zusammenhang zwischen den Biege-Kenngrößen und der Härte festgestellt werden konnte. Aus den Abb. 15 und 16 ging bereits hervor, daß die 0,008-Biegegrenze, die 0,1-Biegegrenze und die Biegefestigkeit im Anlaßtemperaturbereich um 125°C nach

17

dem Härten von 1100°C ein ausgeprägtes Maximum aufweisen, dem ein ausgedehntes Minimum folgt. Dieses abweichende Verhalten gegenüber den Biege-Kenngrößen der von 980°C und 1045°C gehärteten Biegeproben führt dazu, daß bei den von 1100°C gehärteten Biegeproben kein eindeutiger Zusammenhang zwischen den Biege-Kenngrößen und der Härte besteht. Hier zeigt sich, daß Biegeproben gleicher Härte recht unterschiedliche Biegeeigenschaften haben können und daß ebenso Biegeproben unterschiedlicher Härte die gleichen Biegeeigenschaften aufweisen können.

Trägt man die Biegelast über der Durchbiegung auf und zieht durch den Endpunkt der Biegekurve eine Parallele zur Hookeschen Geraden aus der Biegekurve, so erhält man entsprechend Abb. 18 auf der Abszisse die elastische und plastische Bruchdurchbiegung und durch Ausplanimetrieren der Arbeitsflächen die elastische und plastische Bruchbiegearbeit. Die Ergebnisse dieser Versuchsauswertung sind in den Abb. 19–22 aufgetragen.

Aus der Abb. 19 ist zu ersehen, daß die elastische Bruchbiegearbeit kaum von der Anlaßtemperatur beeinflußt wird, während die plastische Bruchbiegearbeit in dem Anlaßtemperaturbereich von etwa 200°C bis 450°C besonders hohe Werte zeigt. Allgemein ist bei der Beurteilung der plastischen Bruchbiegearbeit festzustellen, daß bei der Anlaß-Haltezeit von 15 min die Anwendung höherer Härtetemperaturen zu niedrigeren Werten führt. Eine Ausnahme tritt bei der Anlaßtemperatur von 300°C auf, denn dort wird bei der hohen Härtetemperatur von 1100°C die bei dem Stahl X40Cr13 höchste gemessene plastische Bruchbiegearbeit erreicht.

Wird die Anlaß-Haltezeit von 15 min auf 300 min erhöht, so verursacht ein Härten von 1045°C in dem Anlaßtemperaturbereich von etwa 200°C bis 450°C die höchsten Werte der plastischen Bruchbiegearbeit (Abb. 20). Diese Werte der plastischen Bruchbiegearbeit, die bei einer Härtetemperatur von 1045°C und einer Anlaß-Haltezeit von 300 min erreicht werden, sind jedoch mit etwa 90 cmkp identisch mit den Werten der plastischen Bruchbiegearbeit, die bei einer Härtetemperatur von 980°C und einer Anlaß-Haltezeit von 15 min gefunden werden. Sollen vom Stahl X40Cr13 möglichst hohe plastische Bruchbiegearbeiten aufgenommen werden können, so ist bei der kurzen Anlaß-Haltezeit von 15 min die Härtetemperatur 980°C vorzuziehen, während bei Anwendung der langen Anlaß-Haltezeit von 300 min die höhere Härtetemperatur 1045°C zu empfehlen ist. Die lange Anlaß-Haltezeit von 300 min bedingt aber auch, daß das bei der Härtetemperatur von 1100°C auftretende Maximum der plastischen Bruchbiegearbeit bei der Anlaßtemperatur von 300°C nicht mehr so stark ausgeprägt ist als bei der kurzen Anlaß-Haltezeit von 15 min.

Da die elastische Bruchbiegearbeit in Abhängigkeit von der Anlaßtemperatur nahezu konstant ist (Abb. 19 und 20) und die gesamte Bruchbiegearbeit sich aus der Summe der elastischen und plastischen Bruchbiegearbeit ergibt, läßt der Verlauf der plastischen Bruchbiegearbeit über der Anlaßtemperatur gleichzeitig eine Aussage über die Abhängigkeit zwischen der gesamten Bruchbiegearbeit und der Anlaßtemperatur zu. Daher können die Ausführungen über den Einfluß der Wärmebehandlung auf die plastische Bruchbiegearbeit auch auf den Zusammenhang zwischen der Wärmebehandlung und der gesamten Bruchbiegearbeit übertragen werden.

Vergleicht man die Abb. 21 mit der Abb. 19 und die Abb. 22 mit der Abb. 20, so ist festzustellen, daß der Einfluß der Wärmebehandlung auf den Verlauf der elastischen und plastischen Bruchbiegearbeit mit dem Einfluß auf die elastische und plastische Bruchdurchbiegung übereinstimmt, d. h., die Beurteilung des elastischen, plastischen und damit des gesamten Verformungsvermögens bei Biegebeanspruchung des Stahles X40Cr13 kann sowohl durch die Bestimmung der Durchbiegungen als auch durch die Ermittlung der vom Biegestab aufgenommenen Verformungsarbeiten erfolgen.

Zusammenfassend kann man feststellen, daß der Stahl X 40 Cr 13 nach einem Härten von 980°C und einer Anlaßbehandlung bei 450°C sowohl bei einer Anlaß-Haltezeit von 15 min als auch einer solchen von 300 min die höchste 0,008-Biegegrenze und damit die besten elastischen Biegeeigenschaften aufweist, wobei gleichzeitig die Biegeeigenschaften im überelastischen Verformungsbereich (0,1-Biegegrenze, Biegefestigkeit und gesamte Bruchbiegearbeit) nahe den erreichbaren Höchstwerten liegen. Wird an Stelle der Härtetemperatur von 980°C eine Härtetemperatur von 1045°C gewählt, so tritt nach der oben aufgeführten Anlaßbehandlung eine nur unbedeutende Verschlechterung der elastischen Biegeeigenschaften ein, während sich die Biegeeigenschaften im überelastischen Verformungsbereich geringfügig verbessern. Jedoch hat nach der aufgeführten günstigsten Anlaßbehandlung der Stahl X 40 Cr 13 dann nur eine Rockwellhärte von ca. 52 HRC.

Wird die im allgemeinen beim Stahl X 40 Cr 13 erreichbare Höchsthärte von ca. 60 HRC angestrebt, so sind vor allem Verschlechterungen des elastischen Biegeverhaltens (0,008-Biegegrenze) und des plastischen Arbeitsaufnahmevermögens (plastische Bruchbiegearbeit) zu erwarten, während bei der 0,1-Biegegrenze und der Biegefestigkeit geringfügige Verbesserungen zu verzeichnen sind. Sollte trotzdem die hohe Härte von etwa 60 HRC gefordert werden, dann müßte bei der Wärmebehandlung die Härtung von 1045°C erfolgen und das Anlassen bei einer Temperatur von 125°C mit einer Anlaß-Haltezeit von 300 min durchgeführt werden, um das hier mögliche Maximum im elastischen Biegeverhalten und im plastischen Arbeitsaufnahmevermögen zu erreichen. Bei anderen geforderten Härtewerten zwischen 52 HRC und 60 HRC können die jeweils günstigsten Biegeeigenschaften den Abb. 15, 16, 19 und 20 entnommen werden.

5. Zusammenhang zwischen der Durchbiegung und der Verformung der Randfaser

5.1. Biegeversuch mit zugseitig aufgeklebtem Dehnungsmeßstreifen

Um den Zusammenhang zwischen der Durchbiegung und der Dehnung der zugseitigen Randfaser der Biegeprobe zu untersuchen, wurden die Biegeproben auf der dem Druckstempel abgewandten Fläche mit einem Dehnungsmeßstreifen versehen. Für die Versuche wurden Dehnungsmeßstreifen herangezogen, die nur eine Meßlänge von 3 mm hatten, damit die Randfaser-Dehnungen nur in unmittelbarer Nähe der gemessenen maximalen Durchbiegung aufgenommen wurden. Außerdem wurden Dehnungsmeßstreifen ausgewählt, die auf Grund ihres K-Faktors von 2 auch lineare Anzeigen der Dehnungen im plastischen Verformungsbereich des Meßdrahtes zuließen.

Da der aufgeklebte Dehnungsmeßstreifen nicht in der Ebene der Randfasern liegt, wird er gegenüber den Randfasern eine größere Dehnung messen. Die dadurch zu erwartenden Fehlmessungen ergeben sich entsprechend der Abb. 23 wie folgt:

$$\alpha = \frac{l_1}{\varrho} = \frac{l_0}{\varrho + a}$$

und damit

$$\frac{l_0}{l_1} = \left(1 + \frac{a}{\varrho}\right)$$

Danach muß mit kleiner werdendem Krümmungsradius ϱ – d. h. bei stärkerer Durchbiegung – und auch mit größerem Abstand a des Meßdrahtes von der Oberfläche der Biegeprobe das Verhältnis zwischen der Länge l_0 und der Länge l_1 zunehmen und der Meßfehler sich damit vergrößern.

Für den besonderen Fall der hier bei den Versuchen verwendeten Biegeprobe mit der Breite $b = 10$ mm, der Höhe $h = 2$ mm, dem Auflagerabstand $l = 40$ mm sowie dem der Abb. 25 entnommenen mittleren Elastizitätsmodul $E = 21\,000$ kp/mm² und einer mittig angreifenden Biegelast von $F = 180$ kp soll im folgenden der Meßfehler errechnet werden: Aus der »natürlichen Gleichung« der elastischen Linie $\varrho = EJ/M$ ergibt sich mit dem Trägheitsmoment $J = bh^3/12$ und dem Biegemoment $M = F \cdot l/4$ der Krümmungsradius der Biegeprobe im Bereich der angreifenden Biegelast F zu

$$\varrho = \frac{E \cdot b \cdot h^3}{3\,F \cdot l} \approx 78 \text{ mm}$$

Da die Dehnungsmeßstreifen einen mittleren Abstand des Meßdrahtes von der Oberfläche der Biegeprobe von etwa $a = 0{,}05$ mm aufwiesen, ergibt sich mit $l_0/l_1 = 1{,}00064$ ein Meßfehler von nur 0,064%. Da bei der Untersuchung des Zusammenhangs zwischen der Randfaser-Dehnung und der Durchbiegung keine Biegelasten über $F = 180$ kp aufgebracht wurden, ist der Meßfehler von 0,064% bei den Untersuchungen nicht überschritten worden. Da der Meßfehler nur sehr klein und damit nicht von Einfluß auf das Meßergebnis ist, brauchten die mit den Dehnungsmeßstreifen gemessenen Randfaser-Dehnungen nicht korrigiert zu werden.

Die Untersuchungen über den Zusammenhang zwischen der Randfaser-Dehnung und der Durchbiegung wurden an Biegeproben vorgenommen, die von 1100°C gehärtet wurden und anschließend bei Temperaturen im Bereich von 20°C bis 550°C 15 min bzw. 300 min angelassen wurden. Da die Anlaß-Haltezeit von 300 min gegenüber der Anlaß-Haltezeit von 15 min nur unbedeutende Abweichungen der Versuchsergebnisse brachte, wurde auf die Wiedergabe der Versuchsergebnisse der 300 min angelassenen Biegeproben verzichtet. Die Messungen wurden an jeweils drei gleichwertigen Biegeproben vorgenommen.

In den Abb. 24a und 24b sind die Randfaser-Dehnungen und die Durchbiegungen in Abhängigkeit von der Anlaßtemperatur und der Biegelast aufgetragen. Sowohl die Randfaser-Dehnungen als auch die Durchbiegungen zeigen bis zu Biegelasten von 80 kp im Anlaßtemperaturbereich um ca. 100°C und 400°C ein Maximum. Bei Biegelasten über 80 kp entstehen in den gleichen Anlaßtemperaturbereichen Minima der Randfaser-Dehnungen und der Durchbiegungen. Somit sind die Randfaser-Dehnung und die Durchbiegung nicht nur von der Anlaßtemperatur, sondern in ihrer Charakteristik auch von der Biegelast abhängig.

Um das unterschiedliche Verhalten der Randfaser-Dehnung und der Durchbiegung in Abhängigkeit von der Anlaßtemperatur und der Biegelast besser erkennen zu können, wurde in der Abb. 24c der Quotient aus der Randfaser-Dehnung ε_g und der Durchbiegung f_g wiedergegeben. Grundsätzlich sind die Werte für ε_g/f_g bei allen Biegelasten in dem Anlaßtemperaturbereich um ca. 100°C und 400°C niedrig, während sich nach dem Anlassen auf 200°C maximale Werte ergeben. Die ε_g/f_g-Kurven steigen allgemein mit wachsender Biegelast – nur die ε_g/f_g-Kurve bei der Biegelast von 20 kp macht hier eine Ausnahme. Ihr Verlauf weicht grundsätzlich von den anderen Kurven ab (Abb 24c). Bei der Besprechung der in der Abb. 24c wiedergegebenen Versuchsergebnisse sind folgende Gesichtspunkte in die Überlegungen einzubeziehen.

a) Die Verformung infolge der Pressung an den Auflagerstellen und an der Angriffstelle des Biegestempels könnten bei der Messung der Durchbiegung mit Hilfe der

Biegevorrichtung nach Abb. 6 gegenüber der wahren Durchbiegung größere Werte für die Durchbiegungen ergeben, da bei dieser Biegevorrichtung der Weg des Druckstempels gegenüber dem Gehäuse gemessen wird. Eventuelle Verformungen der Probe an den Auflagern und unter dem Druckstempel würden daher hier mit in die Messung der Durchbiegung eingehen. Die Messung der Randfaser-Dehnung bleibt jedoch von der Verformung durch die Pressung unbeeinflußt, d. h., die ε_g/f_g-Werte müßten bei harten Biegeproben (Anlaßtemperaturen von 20°C bis 125°C) größer sein als bei weichen Biegeproben (Anlaßtemperaturen über 125°C). Nach der Abb. 24c ergeben sich aber im Gegenteil bei den Anlaßtemperaturen von 20°C bis 125°C niedrige ε_g/f_g-Werte und bei den Anlaßtemperaturen über 125°C hohe ε_g/f_g-Werte. Somit kann die Pressung keinen wesentlichen Einfluß auf den Verlauf der ε_g/f_g-Kurven gehabt haben.

b) Auch ein eventuelles Durchrutschen der Biegeprobe an den Auflagerstellen dürfte nicht die Ursache für den Verlauf der ε_g/f_g-Kurven sein, da bereits bei der kleinen Biegelast von 20 kp erhebliche Schwankungen der ε_g/f_g-Werte auftreten. Diese Annahme wird auch dadurch bestätigt, daß sich die Auflagerschneiden nur als schmale Linien auf den Biegeproben abbildeten, d. h., die Eindruckstellen der Auflagerschneiden verschoben sich, wenn überhaupt, in dem Biegelastbereich bis zu 180 kp, der bei diesen Untersuchungen nicht überschritten wurde, praktisch nicht.

c) Weiterhin besteht die Möglichkeit, daß von der Wärmebehandlung abhängige Werkstoffeigenschaften die ε_g/f_g-Werte beeinflussen können. Das erscheint um so wahrscheinlicher, als neben der Biegelast auch die Anlaßtemperatur einen Einfluß auf die ε_g/f_g-Werte ausübt (Abb. 24c).

Aus der Gleichung $f_M = F \cdot l^3 / 4 E \cdot b \cdot h^3$ [Gl. (11), Kap. 2.3.] kann im elastischen Verformungsbereich der Elastizitätsmodul aus der Durchbiegung errechnet werden. Für die Biegelasten 20 kp und 40 kp, die bei allen unterschiedlich angelassenen Biegeproben nur elastische Verformungen verursachten, wurde daher der Elastizitätsmodul E_B aus den Durchbiegungen errechnet und in der Abb. 25 über der Anlaßtemperatur aufgetragen. Bei einem Vergleich der ε_g/f_g-Kurven der Abb. 24c mit den E_B-Kurven der Abb. 25 ist festzustellen, daß die ε_g/f_g- und die E_B-Werte in Abhängigkeit von der Anlaßtemperatur einen gleichartigen Verlauf zeigen. Das bedeutet, daß beispielsweise bei großem Elastizitätsmodul E_B die Randfaser-Dehnung im Verhältnis zur Durchbiegung weitaus größer ist als bei kleinem Elastizitätsmodul E_B. Daraus folgt weiter, daß sich der Elastizitätsmodul der Randfaser-Dehnung E_R mit der Anlaßtemperatur nicht in gleicher Weise wie der aus der Durchbiegung errechnete Elastizitätsmodul E_B verändert.

Im folgenden soll erläutert werden, wie der Elastizitätsmodul der Randfaser-Dehnung E_R näherungsweise aus dem mit Hilfe der Durchbiegung errechneten Elastizitätsmodul E_B und dem Quotienten aus Randfaser-Dehnung und Durchbiegung errechnet werden kann. Unter der Voraussetzung rein elastischer Verformung gilt für die Randfaser-Dehnung das Hookesche Gesetz

$$\sigma = E_R \cdot \varepsilon \qquad (15)$$

Weiter kann unter Vernachlässigung des Schubkrafteinflusses (Kap. 2.2.) nach Gl. (1) des Kap. 2.1. für den Zusammenhang zwischen dem Biegemoment und der Randfaser-Spannung näherungsweise $\sigma = M_b/W$ gesetzt werden. Für den mittig belasteten Biegestab mit rechteckigem Querschnitt gilt für das Biegemoment $M_b = F \cdot l/4$ und für das Widerstandsmoment $W = b \cdot h^2/6$. Durch Einsetzen in die Gleichung $\sigma = M_b/W$ ergibt sich für die Biegelast

$$F = \frac{2 b \cdot h^2 \cdot \sigma}{3 \cdot l} \qquad (16)$$

Mit (15) wird die Biegelast

$$F = \frac{2\,b \cdot h^2 \cdot E_R \cdot \varepsilon}{3 \cdot l} \qquad (17)$$

Nach Einsetzen von (17) in die Gl. (11) (Kap. 2.3.) erhält man für den Elastizitätsmodul der Randfaser-Dehnung:

$$E_R = \frac{6\,h}{l^2} \cdot \frac{f}{\varepsilon} \cdot E_B \qquad (18)$$

In der Abb. 25 sind die mit der Gl. (18) errechneten Werte für den Elastizitätsmodul E_R bei den Biegelasten 20 kp und 40 kp in Abhängigkeit von der Anlaßtemperatur aufgetragen. Bei einer vergleichenden Betrachtung der Elastizitätsmoduln E_R und E_B (Abb. 25) ist festzustellen, daß der aus der Durchbiegung errechnete Elastizitätsmodul E_B in Abhängigkeit von der Anlaßtemperatur größere Schwankungen aufweist als der errechnete Elastizitätsmodul der Randfaser-Dehnung E_R. Da obendrein die Schwankungen der beiden Elastizitätsmoduln in Abhängigkeit von der Anlaßtemperatur gleichsinnig erfolgen, ist festzustellen, daß sich kleine Änderungen des Elastizitätsmoduls der Randfaser-Dehnung E_R in größeren Änderungen des aus der Durchbiegung errechneten Elastizitätsmoduls E_B auswirken. Keinesfalls stimmen die beiden Elastizitätsmoduln überein, d. h., strenggenommen stellt der aus der Durchbiegung errechnete Elastizitätsmodul E_B nur eine Biege-Kenngröße für den Zusammenhang zwischen der Biegelast und der Durchbiegung dar, die keine genaue Aussage über den Zusammenhang zwischen der Randfaser-Spannung und der Randfaser-Dehnung zuläßt.

Während sich im elastischen Verformungsbereich die ε_g/f_g-Kurven in der Abb. 24c aus dem Verlauf des Elastizitätsmoduls in Abhängigkeit von der Anlaßtemperatur erklären lassen, kann der Elastizitätsmodul im überelastischen Verformungsbereich nur einen untergeordneten Einfluß auf das Verhältnis zwischen der Randfaser-Dehnung und der Durchbiegung haben.

Hier wird vielmehr das überelastische Verhalten des Stahles von ausschlaggebender Bedeutung sein. In der Abb. 26 ist über der Anlaßtemperatur die Biegelast aufgetragen, bei der sich in der Randfaser der Biegeprobe die ersten plastischen Verformungen zeigen. Die Biegelast–Anlaßtemperatur-Kurve zeigt bei Anlaßtemperaturen von 100°C und 450°C je ein Maximum, wobei die Anlaßtemperatur von 450°C den höchsten Biegelast-Wert (92 kp), bei dem die ersten plastischen Verformungen entstehen, ergab. Dagegen führt im Anlaßbereich von 200°C schon eine Biegelast von 35 kp zu den ersten plastischen Verformungen. Je mehr die angreifende Biegelast über der in der Abb. 26 angegebenen Biegelast der ersten plastischen Verformungen liegt, um so größer wird nun der Einfluß der plastischen Verformungen in den randnahen Schichten auf das überelastische Biegeverhalten des Stahles sein. Werden die Biegeproben beispielsweise mit einer Last von 80 kp belastet, so treten in den bei 100°C angelassenen Proben erst geringe plastische Verformungen auf, während die bei 200°C angelassenen Proben bereits stärkere plastische Verformungen erfahren. Dagegen verursacht die Biegelast von 80 kp in den bei 450°C angelassenen Proben nur elastische Verformungen.

Bei einem Vergleich der ε_g/f_g-Kurven aus der Abb. 24c, und zwar für Biegelasten über 40 kp, mit der Biegelast-Anlaßtemperatur-Kurve der Abb. 26 ist festzustellen, daß die Minima der ε_g/f_g-Kurven bei den gleichen Anlaßtemperaturen liegen wie die Maxima der Biegelast–Anlaßtemperatur-Kurve und daß ebenso das Maximum der ε_g/f_g-Kurve mit dem Minimum der Biegelast–Anlaßtemperatur-Kurve zusammenfällt. Das bedeutet, daß alle Biegeproben, die bei einer bestimmten Biegelast größere plastische Verformungen erfahren, zu großen ε_g/f_g-Werten führen. Umgekehrt zeigen Biegeproben, die bei der gleichen Biegelast nur geringfügig plastisch verformt werden, kleine ε_g/f_g-Werte. Aus dieser Abhängigkeit der ε_g/f_g-Werte von der plastischen Verformung ergibt sich, daß die plastischen Verformungen auf die Randfaser-Dehnung einen verhältnismäßig stärkeren Einfluß ausüben als auf die Durchbiegung. Daß sich die Durchbiegungen mit zunehmender Randfaser-Dehnung nicht in gleichem Maß erhöhen, muß auf die Stützwirkung der weniger stark verformten Werkstoffschichten im Querschnitt unterhalb der Randfasern zurückgeführt werden.

Um nun die Abhängigkeit des Elastizitätsmoduls von der Biegelast zu ermitteln, wurde der Mittelwert aller Elastizitätsmoduln gebildet, die bei einer bestimmten Biegelast an verschieden angelassenen Biegeproben bestimmt wurden. Dabei wurden nur solche Biegelasten berücksichtigt, die rein elastische Verformungen verursachten und damit unterhalb der in der Abb. 26 wiedergegebenen Kurve für die Biegelast liegen. Der auf diese Weise mit Hilfe der Gl. (11) (Kap. 2.3.) errechnete Elastizitätsmodul der Durchbiegung E_B ist in seiner Abhängigkeit von der Biegelast aus der Abb. 27 zu ersehen. Gleichfalls sind in der Abb. 27 die Durchbiegung f_g, der Quotient aus Randfaser-Dehnung und Durchbiegung ε_g/f_g sowie der nach Gl. (18) errechnete Elastizitätsmodul der Randfaser-Dehnung E_R über der Biegelast aufgetragen. Die f_g- und ε_g/f_g-Werte stellen Mittelwerte dar, die sich aus den Versuchen an den bei verschiedenen Temperaturen angelassenen Biegeproben ergeben haben. Bis zu der Biegelast von 90 kp wurden bei der Mittelwertbildung nur Ergebnisse solcher Versuche berücksichtigt, bei denen die Biegelast keine überelastischen Verformungen in der Randfaser verursachte. Daher stellen die in der Abb. 27 aufgezeichneten Versuchsergebnisse im Bereich bis zu der Biegelast von 90 kp Mittelwerte an rein elastisch verformten Biegeproben dar. In dem überelastischen Verformungsbereich, d. h., bei Biegelasten über 90 kp, wurden die Ergebnisse aller Biegeproben zur Mittelwertbildung herangezogen.

Aus der Abb. 27 ist zu ersehen, daß der Elastizitätsmodul der Randfaser-Dehnung E_R und der aus der Durchbiegung errechnete Elastizitätsmodul E_B sowie die ε_g/f_g-Werte bis zu einer Biegelast von etwa 50 kp absinken und bei höheren Biegelasten wieder ansteigen. Die Elastizitätsmodul-Kurven und die ε_g/f_g-Kurve verlaufen somit gleichsinnig, d. h., mit kleiner werdendem Elastizitätsmodul ist die Zunahme der Durchbiegung f_g größer als die Zunahme der Randfaser-Dehnung ε_g. Dagegen nimmt bei größer werdendem Elastizitätsmodul die Randfaser-Dehnung stärker zu als die Durchbiegung. Die beiden Elastizitätsmoduln E_R und E_B zeigen zwar in Abhängigkeit von der Biegelast ein gleichsinniges Verhalten, jedoch ist dabei der aus der Durchbiegung errechnete Elastizitätsmudul E_B größeren Veränderungen unterworfen als der Elastizitätsmodul der Randfaser-Dehnung E_R.

Da der Elastizitätsmodul den Zusammenhang zwischen der Belastung und der Verformung wiedergibt, ergibt sich aus den Elastizitätsmodul-Kurven der Abb. 27, daß die Biegelast bzw. Randfaser-Spannung in Abhängigkeit von der Durchbiegung bzw. Randfaser-Dehnung mit steigender Biegelast F zunächst stark zunimmt. Dann folgt ein Gebiet geringerer Zunahme und bei höheren Biegelasten steigt dann die Biegelast bzw. Randfaser-Spannung über der Durchbiegung bzw. Randfaser-Dehnung wieder steiler an (Abb. 28). Dieses Verhalten zwischen der Belastung und der Verformung in dem allgemein als noch elastisch zu bezeichnenden Formänderungsbereich dürfte darauf zurückzuführen sein, daß bei bestimmten Lasten an den Gleitebenen des Werkstoffs geringe plastische Verformungen durch Versetzungen im Gitter auftreten, wodurch gegenüber den rein elastischen Dehnungen größere Gesamtverformungen auftreten. Bei weiterer Belastung behindern jedoch zum Teil die auf den Gleitebenen entstehenden Versetzungen das Gleiten, so daß sich der Werkstoff verfestigt und dadurch bei fortschreitender Belastung praktisch wieder ein Übergang zu rein elastischer Verformung stattfindet. Dieses Verhalten des Werkstoffs, das in der Abb. 28 schematisch dargestellt ist, kann aus dem Verlauf der f_g-Kurve in der Abb. 27 wegen des dort gewählten Maßstabs nicht erkannt werden. Es konnte aber festgestellt werden, daß die f_g-Werte bei den Biegelasten von 10 kp und 20 kp unter dem mittleren Anstieg der f_g-Kurve liegen und daß somit bei diesen Biegelasten größere Elastizitätsmoduln gegeben sind.

5.2. Vergleich zwischen Biegeversuch und Zugversuch

Im Kap. 2.1. wurde ausgeführt, daß der Spannungsverlauf im Querschnitt der Biegeprobe gegebenenfalls mit Hilfe der aus dem Zugversuch ermittelten Zugspannungs-Dehnungs-Kurve und der an der Biegeprobe gemessenen Dehnung der Randfaser bestimmt werden kann, wenn dabei angenommen wird, daß auch im überelastischen Verformungsbereich die Dehnungen von der neutralen Faser bis zur Randfaser der Biegeprobe linear ansteigen. Im folgenden soll untersucht werden, ob diese Methode eine näherungsweise Bestimmung des Spannungsverlaufs im Querschnitt der Biegeprobe gestattet.

Die Stahlproben für die Zugversuche wurden so hergestellt, daß die Proben der Abmessungen $60 \times 10 \times 2$ mm beidseitig mit einem Radius von 40 mm ausgeschliffen wurden (Abb. 29). Die Probenbreite an der engsten Stelle betrug 5 mm. Da infolge der besonders konstruierten Proben-Spannvorrichtung eine praktisch biegungsfreie Zugbeanspruchung der Proben gewährleistet war und da im Hinblick auf die geringe Probendicke von 2 mm die Zugspannungen auf beiden Seiten der Probe nur geringfügig voneinander abweichen können, konnten die Zugversuche mit nur einem Dehnungsmeßstreifen durchgeführt werden. Es wurden Polyester-Dehnungsmeßstreifen mit einer Meßlänge von 3 mm und einem Widerstand von 120 Ohm angewandt. Die Dehnungsmeßstreifen wurden mit einem kaltaushärtenden Polyester-Zweikomponenten-Kleber so auf die Zugproben geklebt, daß die Mitte des Meßgitters über der schmalsten Stelle der Zugprobe lag (Abb. 29). Wegen der kurzen Meßlänge von 3 mm ergab sich innerhalb des Meßbereichs an der Zugprobe eine maximale Querschnittsabweichung von nur 2%. Ebenso wie bei den Biegeversuchen mit aufgeklebtem Dehnungsmeßstreifen wurden auch bei den Zugversuchen Stahlproben verschiedener Anlaßbehandlung untersucht, wobei drei Zugproben je Anlaßtemperatur eingesetzt wurden. Die vorhergehende Härtung erfolgte von 1100 °C in Öl bei einer Erwärmungs- und Haltezeit von 18 min.

In der Abb. 30 ist die aus der Biegelast mit Hilfe der Gleichung $\sigma = M/W$ errechnete Biegespannung σ in Abhängigkeit von der gemessenen Randfaser-Dehnung bei nicht angelassenen Biegeproben aufgetragen. Gleichzeitig ist in derselben Abbildung die Zugspannungs-Dehnungs-Kurve σ_{z1} mit eingetragen. Da die Dehnungsmeßstreifen sich bereits vor dem Bruch der Probe von der Stahloberfläche lösten, konnten die Biegespannungs- und die Zugspannungs-Kurven nur bis zu einer Dehnung von etwa $8 \cdot 10^{-3}$ aufgenommen werden. Aus der Abb. 30 ist zu ersehen, daß der Elastizitätsmodul der Biegung größer ist als der Elastizitätsmodul bei reiner Zugbeanspruchung. Die ersten plastischen Verformungen treten jedoch bei beiden Beanspruchungsarten in etwa bei der Dehnung von $3{,}5 \cdot 10^{-3}$ auf.

Nimmt man an, daß der Zusammenhang zwischen Spannung und Dehnung bei reiner Zugbeanspruchung auf den Zusammenhang zwischen Spannung und Dehnung der zugbeanspruchten Fasern der Biegeprobe übertragen werden kann, so müßte mit Hilfe der an der Biegeprobe gemessenen Randfaser-Dehnung und der Zugspannungs-Dehnungs-Kurve die in der Randfaser auftretende Biegespannung ermittelt werden können. Weiterhin müßte sich unter der Annahme eines linearen Dehnungsanstiegs von der neutralen Faser bis zur Randfaser der Probe der Spannungsverlauf im Querschnitt der Biegeprobe dadurch ergeben, daß man zu den entsprechenden Dehnungen aus der Zugspannungs-Dehnungs-Kurve die dazugehörigen Spannungen entnimmt. Der so ermittelte Spannungsverlauf für die Randfaser-Dehnungen $3 \cdot 10^{-3}$, $5 \cdot 10^{-3}$ und $7 \cdot 10^{-3}$ ist in der Abb. 31 eingezeichnet. Dabei wurde nicht berücksichtigt, daß die neutrale Faser auf Grund des unterschiedlichen Verhaltens des Stahles bei Zug- und Druckbeanspruchung mit zunehmender Belastung von der Mittellinie abweichen und sich in Richtung der druckbeanspruchten Hälfte der Biegeprobe verschieben kann, was zu einem unterschiedlichen Spannungsverlauf zwischen Zugseite und Druckseite der Biegeprobe führen würde.

Das übertragbare Biegemoment ergibt sich aus dem Spannungsverlauf durch graphische Integration, da der Spannungsverlauf im überelastischen Verformungsbereich bei einem sich verfestigenden Werkstoff nicht in die Form einer mathematischen Gleichung gefaßt werden kann (Kap. 2.1.). Bei den Biegeproben verschiedener Anlaßbehandlung wurde auf diese Weise für die Randfaser-Dehnungen $3 \cdot 10^{-3}$, $5 \cdot 10^{-3}$ und $7 \cdot 10^{-3}$ das übertragbare Biegemoment M_{gr1} aus dem Spannungsverlauf graphisch ermittelt. Das wirklich auftretende Biegemoment M_{eff} wurde zum Vergleich aus der Biegelast F und dem Auflagerabstand l nach der Gleichung $M = F \cdot l/4$ bestimmt.

Aus der Abweichung des graphisch ermittelten Biegemoments von dem effektiven Biegemoment sind Rückschlüsse darüber möglich, ob der angenommene Spannungsverlauf ungefähr dem wirklichen Spannungsverlauf entspricht. In der Abb. 32 ist das Differenz-Biegemoment $\Delta M_1 = M_{eff} - M_{gr1}$ zwischen dem aus der Biegelast errechneten Biegemoment M_{eff} und dem aus dem Spannungsverlauf graphisch ermittelten Biegemoment M_{gr1} bei verschiedenen Randfaser-Dehnungen in Abhängigkeit von der Anlaßtemperatur aufgetragen.

Aus dem Kurvenverlauf ist zu ersehen, daß bei der Anlaßtemperatur von 400°C das graphisch ermittelte Biegemoment recht gut mit dem effektiven Biegemoment übereinstimmt und somit bei dieser Anlaßbehandlung der aus der Zugspannungs-Dehnungs-Kurve bestimmte Spannungsverlauf nahezu dem wirklichen Spannungsverlauf entspricht. Bei niedrigeren und höheren Anlaßtemperaturen als 400°C treten dagegen erhebliche Abweichungen bis zu $\Delta M_1 = 23$ cmkp auf, das bedeutet ca. 22% vom effektiven Biegemoment, so daß sich hier die mit Hilfe der Zugspannungs-Dehnungs-Kurve ermittelten Spannungen im Querschnitt der Biegeprobe als zu niedrig erweisen. Obwohl alle Biegeproben bei der aufgetragenen niedrigsten Randfaser-Dehnung von $3 \cdot 10^{-3}$ rein elastisch verformt wurden, entstehen selbst hier Abweichungen zwischen dem effektiven und dem graphisch ermittelten Biegemoment (Abb. 32). Diese Abweichungen im rein elastischen Verformungsbereich können nur darauf beruhen, daß die Elastizitätsmoduln bei Zugbeanspruchung und Biegebeanspruchung voneinander abweichen. Daher wurde zur Ermittlung des wirklichen Spannungsverlaufs der Versuch unternommen, die Zugspannungs-Dehnungs-Kurven so weit den Biegekurven anzugleichen, daß die Elastizitätsmoduln der beiden Beanspruchungsarten einander entsprachen. Es wurde damit eine korrigierte Zugspannungs-Dehnungs-Kurve σ_{z2} unter Zugrundelegung des Elastizitätsmoduls der Biegung aufgestellt (Abb. 30). Aus der Abb. 31 war zu ersehen, daß bei den nicht angelassenen Biegeproben der mit Hilfe der korrigierten Zugspannungs-Dehnungs-Kurve bestimmte Spannungsverlauf weitaus steiler verläuft als bei Zugrundelegung der nicht korrigierten Zugspannungs-Dehnungs-Kurve. Da dieser steilere Anstieg des Spannungsverlaufs unter Berücksichtigung der korrigierten Zugspannungs-Dehnungs-Kurve auch bei den angelassenen Biegeproben festzustellen ist, erhöht sich das graphisch ermittelte Biegemoment von M_{gr1} auf M_{gr2}, so daß das Differenz-Biegemoment ΔM_2 die in der Abb. 33 wiedergegebenen Werte annimmt. Aus der Abb. 33 ist zu ersehen, daß im rein elastischen Verformungsbereich bei allen Biegeproben und im überelastischen Verformungsbereich bei den auf 100°C, 400°C und 500°C angelassenen Biegeproben der mit Hilfe der korrigierten Zugspannungs–Dehnungs-Kurven ermittelte Spannungsverlauf nahezu dem wirklichen Spannungsverlauf entspricht, da die Abweichung zwischen dem graphisch ermittelten und dem effektiven Biegemoment hier nur maximal 2 cm kp beträgt. Diese Abweichung von 2 cm kp entspricht nur etwa 1,6% des effektiven Biegemoments.

Dagegen entstehen im überelastischen Verformungsbereich bei der Randfaser-Dehnung von $7 \cdot 10^{-3}$ an den nicht angelassenen und an den auf 200°C sowie 300°C angelassenen Biegeproben Differenz-Biegemomente ΔM_2, die bis zu 8 cm kp betragen (Abb. 33), so daß gegenüber dem effektiven Biegemoment Abweichungen von etwa 7,5% auftreten. Da bei den nicht angelassenen Biegeproben das graphisch ermittelte Biegemoment größer ist als das effektive Biegemoment, kann man folgern, daß die mit Hilfe der korrigierten Zugspannungs–Dehnungs-Kurve ermittelten Spannungen σ_{z2} in der Abb. 31 etwas zu hoch ausfallen. Dagegen ist bei den auf 200°C und 300°C angelassenen Biegeproben festzustellen, daß die unter Verwendung der korrigierten Zugspannungs–Dehnungs-Kurven bestimmten Biegespannungen zu niedrig liegen.

Da bei allen Biegeproben das graphisch bestimmte Biegemoment M_{gr2} nicht mehr als maximal 7,5% von dem effektiven Biegemoment abweicht, kann man zusammenfassend feststellen, daß mit Hilfe der Randfaser-Dehnung und der Zugspannungs–Dehnungs-Kurve unter Berücksichtigung des Elastizitätsmoduls der Biegung bei dem unterschiedlich anlaßbehandelten Stahl X 40 Cr 13 der Spannungsverlauf im Querschnitt des Biegestabes näherungsweise bestimmt werden kann. Die auf diese Weise bei einer Randfaser-Dehnung von $7 \cdot 10^{-3}$ ermittelten Randfaser-Biegespannungen σ_{z2} sind in der Abb. 34 in Abhängigkeit von der Anlaßtemperatur aufgetragen. Vergleichsweise sind in der Abb. 34 auch die Biegespannungen σ aufgeführt, die mit der eigentlich nur für den rein elastischen Verformungsbereich zulässigen Gleichung $\sigma = M/W$ berechnet wurden. Aus der Abb. 34 ist zu ersehen, daß bei den niedrig und bei den sehr hoch angelassenen Biegeproben die nach der Gleichung $\sigma = M/W$ berechneten Biegespannungen nur geringfügig über den wirklichen Biegespannungen σ_{z2} liegen, während im mittleren Anlaßtemperatur-Bereich die Gleichung $\sigma = M/W$ viel zu hohe Werte liefert. Bei höheren Belastungen und somit Randfaser-Dehnungen über $7 \cdot 10^{-3}$ ist mit noch größeren Abweichungen zwischen den nach der Gleichung $\sigma = M/W$ und den aus der korrigierten Zugspannungs–Dehnungs-Kurve ermittelten Biegespannungswerten zu rechnen, so daß vor allem dann nur noch die angenäherte Bestimmung der Biegespannung aus der korrigierten Zugspannungs–Dehnungs-Kurve unter Berücksichtigung des Elastizitätsmoduls der Biegung erfolgen kann.

Wie bereits ausgeführt wurde, ist mit der nicht korrigierten Zugspannungs–Dehnungs-Kurve die Bestimmung des Spannungsverlaufs im Querschnitt des Biegestabs nicht möglich. Die Ursache hierfür ist zur Hauptsache darin zu sehen, daß der Elastizitätsmodul bei reiner Zugbeanspruchung weit unter dem Elastizitätsmodul der Biegung liegt (Abb. 35). Da der Elastizitätsmodul nach Kap. 5.1. auch von der Größe der Belastung abhängig ist, wurde in der Abb. 35 der mittlere Elastizitätsmodul aufgetragen. Aus der Abb. 35 ist weiterhin zu entnehmen, daß der aus der Durchbiegung errechnete Elastizitätsmodul und der Elastizitätsmodul der Randfaser-Dehnung nahezu gleich groß sind und daß beide Elastizitätsmoduln in Abhängigkeit von der Anlaßtemperatur den gleichen Verlauf aufweisen.

Aus den unterschiedlichen Elastizitätsmoduln für Zugbeanspruchung und Biegebeanspruchung ergibt sich, daß der Zusammenhang zwischen Spannung und Dehnung bei der reinen Zugbeanspruchung sich von dem Zusammenhang zwischen Spannung und

Dehnung bei den auf Zug beanspruchten Fasern des Biegestabes unterscheidet. Dieses unterschiedliche Verhalten dürfte darauf beruhen, daß sich die Zugfasern bei der Zugbeanspruchung weniger stark gegenseitig beeinflussen als bei der Biegebeanspruchung. Bei der Zugbeanspruchung erfahren die nebeneinander liegenden Fasern ungefähr die gleiche Verformung ohne sich gegenseitig stärker zu beeinflussen. Dagegen werden bei der Biegebeanspruchung die nebeneinander liegenden Fasern unterschiedlich gedehnt und es kommt zu unterschiedlichen Querzusammenziehungen. Dadurch behindern sich bei der Biegebeanspruchung die einzelnen Fasern im Querschnitt weitaus stärker als bei der Zugbeanspruchung.

6. Zusammenfassung

Die einführenden Erörterungen bezogen sich in erster Linie auf die in einem mittig belasteten Biegestab auftretenden Normalspannungen und Schubspannungen. Dabei wurden nicht nur die im rein elastischen Verformungsbereich entstehenden Spannungen behandelt, sondern ebenso auch die bei überelastischen Verformungen auftretenden Spannungen berücksichtigt. Weiterhin wurde untersucht, inwieweit sich die Normalspannungen und die Schubspannungen gegenseitig beeinflussen und welchen Einfluß die Berücksichtigung der beiden Spannungsarten auf die errechnete Durchbiegung des Biegestabes hat.
Nach der Besprechung einer Biegevorrichtung, die vor allem bei kleinen Biegelasten die genaue Messung der Durchbiegung gestattet, wurden die an den unterschiedlich wärmebehandelten Proben des rostbeständigen Stahles X 40 Cr 13 vorgenommenen Biegeversuche und deren Ergebnisse aufgeführt. Dabei wurde der Einfluß der Härtetemperatur, der Anlaßtemperatur und der Haltezeit beim Anlassen sowohl auf das elastische als auch auf das überelastische Verhalten des Stahles untersucht. Es konnten Angaben darüber gemacht werden, nach welcher Wärmebehandlung bestimmte Biegelasten die geringsten bleibenden Verformungen ergeben und bei der somit das günstigste elastische Verhalten erreicht werden kann. So haben Federn aus dem Stahl X 40 Cr 13 optimale elastische und auch überelastische Biegeigenschaften, wenn sie von 980°C gehärtet und bei 450°C angelassen werden. Dabei kann die Anlaß-Haltezeit zwischen 15 min und 300 min betragen. Es ist allerdings zu berücksichtigen, daß bei dieser Wärmebehandlung nicht das Maximum der Korrosionsbeständigkeit erzielt wird. Kann mit Rücksicht auf die Erreichung einer möglichst hohen Korrosionsbeständigkeit oder aus anderen Gründen die für die Biegeeigenschaften günstigste Wärmebehandlung nicht angewandt werden, so können die bei anderen Wärmebehandlungen zu erwartenden elastischen und überelastischen Biegeeigenschaften den graphischen Darstellungen entnommen werden.
Weiterhin wurde an den Biegeproben der Zusammenhang zwischen der Durchbiegung und der Randfaser-Dehnung mit Hilfe von zugseitig aufgeklebten Dehnungsmeßstreifen untersucht. Dabei wurde der aus der Durchbiegung errechnete Elastizitätsmodul mit dem Elastizitätsmodul der Randfaser-Dehnung verglichen und außerdem die Abhängigkeit des Elastizitätsmoduls sowohl von der Anlaßtemperatur als auch von der Belastung behandelt.
Abschließend wurden Vergleiche der Ergebnisse aus Biegeversuchen und aus Zugversuchen durchgeführt, um eine Aussage darüber zu erhalten, ob mit Hilfe der Zug-

spannungs–Dehnungs-Kurve und der an der Biegeprobe gemessenen Randfaser-Dehnung die Randfaser-Spannungen im elastischen und überelastischen Verformungsbereich bestimmt werden können. Nachdem nachgewiesen wurde, daß auf diese Weise die Randfaser-Spannungen nicht zu ermitteln sind, konnten mit Hilfe der unter Berücksichtigung des Elastizitätsmoduls der Biegung korrigierten Zugspannungs–Dehnungs-Kurven die Randfaser-Spannungen bei der Biegung näherungsweise bestimmt werden.

7. Literaturverzeichnis

[1] Siebel, E., Festigkeitsrechnung bei ungleichförmiger Belastung. Zeitschrift: Die Technik, 1. Band (1946), S. 265–269.
[2] Pöschl, Th., Lehrbuch der Technischen Mechanik, 2. Band: Elementare Festigkeitslehre, Berlin–Göttingen–Heidelberg: Springer 1952.
[3] Dubbels Taschenbuch für den Maschinenbau, 1. Band, Berlin–Göttingen–Heidelberg: Springer 1961.
[4] Hütte, Des Ingenieurs Taschenbuch; Theoretische Grundlagen, Berlin: Wilhelm Ernst & Sohn, 1955.
[5] Stüdemann, H., H. Brundiek und R. Grube, Untersuchungen über den Einfluß der Zusammensetzung und Gefügeausbildung auf das Anlaßverhalten des Stahles X 40 Cr 13, Forschungsbericht des Landes Nordrhein-Westfalen Nr. 1579, Westdeutscher Verlag, Köln und Opladen, 1965.

8. Anhang

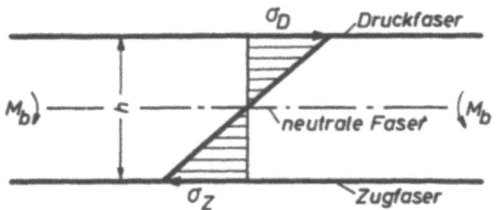

Abb. 1   Spannungsverteilung im Querschnitt eines elastisch verformten Biegestabes

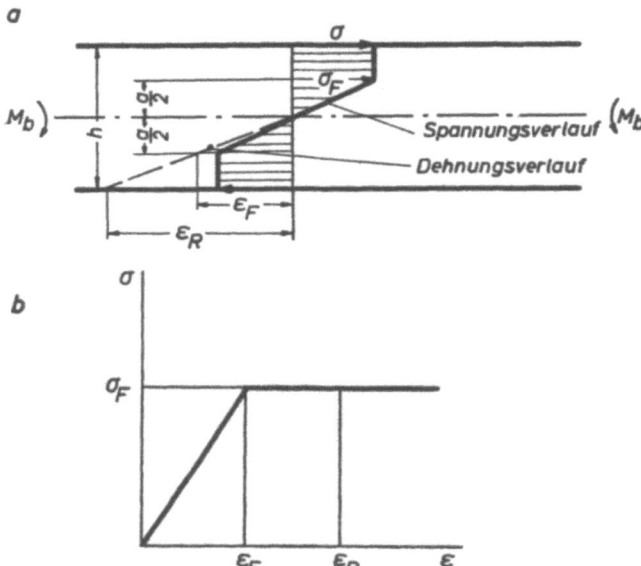

Abb. 2   Zur Berechnung des übertragbaren Biegemoments bei einem Werkstoff mit konstanter Fließgrenze
a – Spannungs- und Dehnungsverlauf im Querschnitt eines rechteckigen Biegestabes
b – Spannungs–Dehnungs-Kurve aus dem Zugversuch

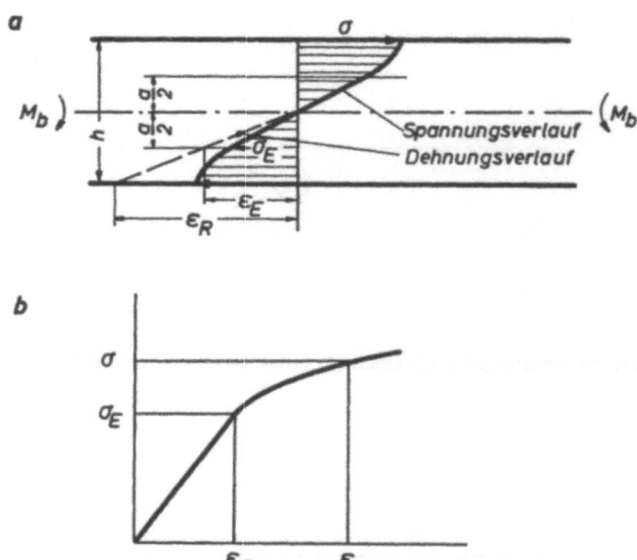

Abb. 3 Zur Berechnung des übertragbaren Biegemoments bei einem sich verfestigenden Werkstoff
a – Spannungs- und Dehnungsverlauf im Querschnitt eines rechteckigen Biegestabes
b – Spannungs–Dehnungs-Kurve aus dem Zugversuch

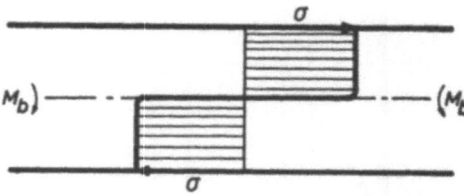

Abb. 4 Spannungsverlauf im Querschnitt eines vollplastisch verformten Biegestabes

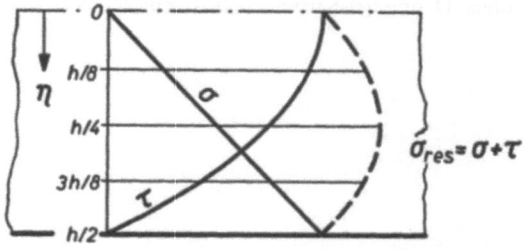

Abb. 5 Normalspannung σ und Schubspannung τ im Querkraft-belasteten Biegestab für $h/l = 2$ (h = Höhe, l = Auflagerabstand)

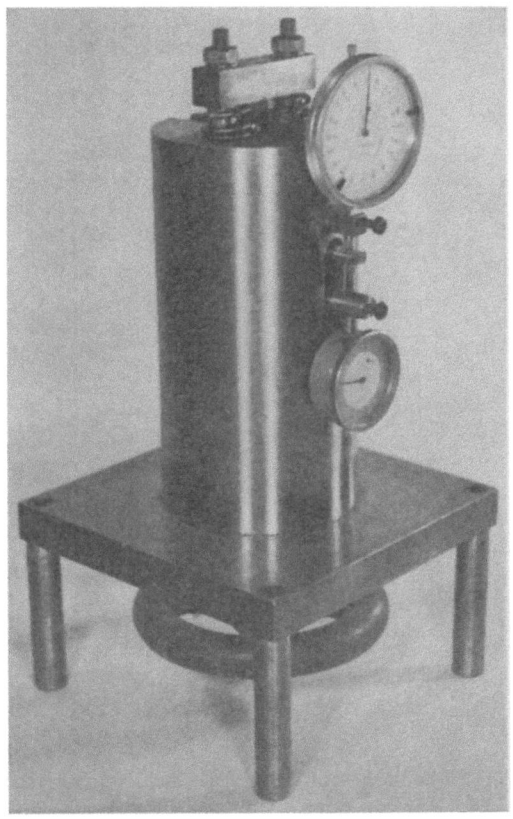

Abb. 6 Biegevorrichtung (Maßstab 1 : 5)

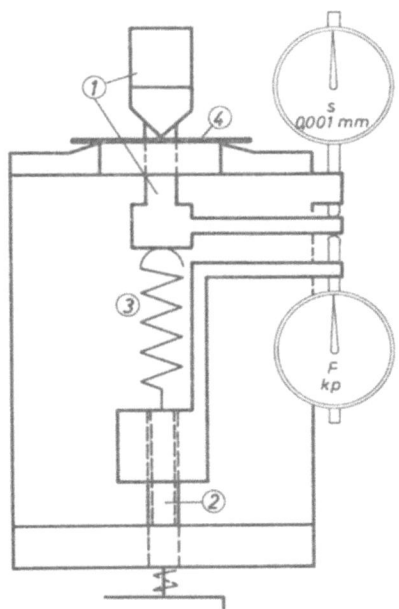

Abb. 7 Prinzipskizze der Biegevorrichtung
     1 Druckstempel mit Meßuhr für die Messung der Durchbiegung
     2 Zugspindel mit Meßuhr zur Bestimmung der aufgebrachten Belastung
     3 Zugfedern
     4 Biegeprobe

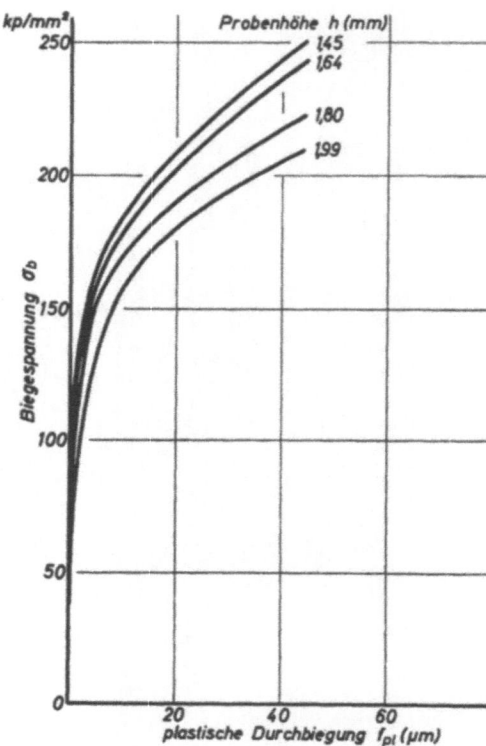

Abb. 8 Einfluß der Probenhöhe auf den Zusammenhang zwischen der Biegespannung und der plastischen Durchbiegung

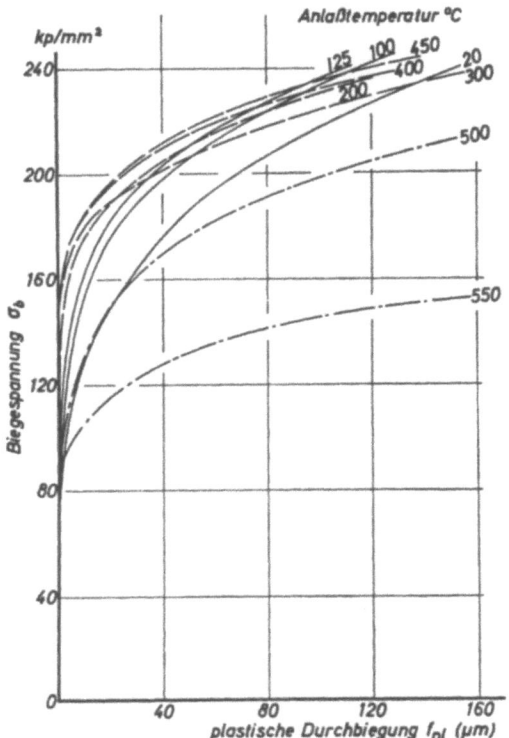

Abb. 9 Plastische Verformung von Biegeproben in Abhängigkeit von der Biegespannung und der Anlaßtemperatur (Anlaß-Haltezeit 300 min)
Härten: 980° C, 18 min, abschrecken in Öl
Anlaßtemperaturen: 20° C–125° C ———
　　　　　　　　　　200° C–450° C — — —
　　　　　　　　　　500° C–550° C — - —

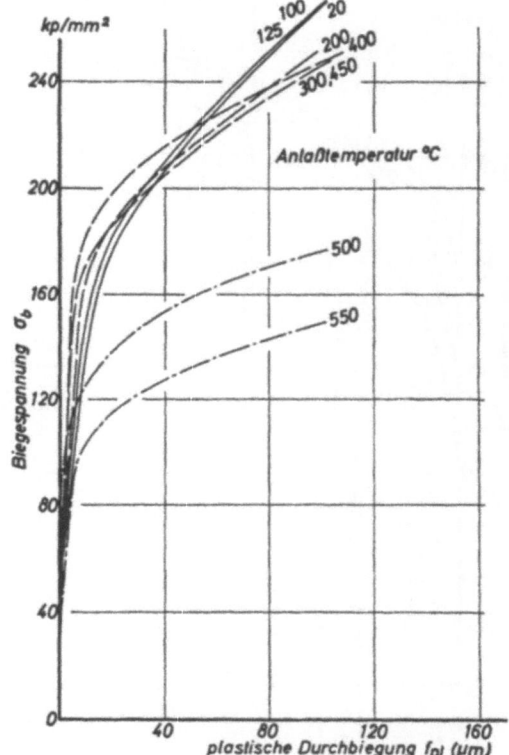

Abb. 10 Plastische Verformung von Biegeproben in Abhängigkeit von der Biegespannung und der Anlaßtemperatur (Anlaß-Haltezeit 300 min)
Härten: 1045°C, 18 min, abschrecken in Öl
Anlaßtemperaturen: 20°C–125°C ———
200°C–450°C — — —
500°C–550°C — · —

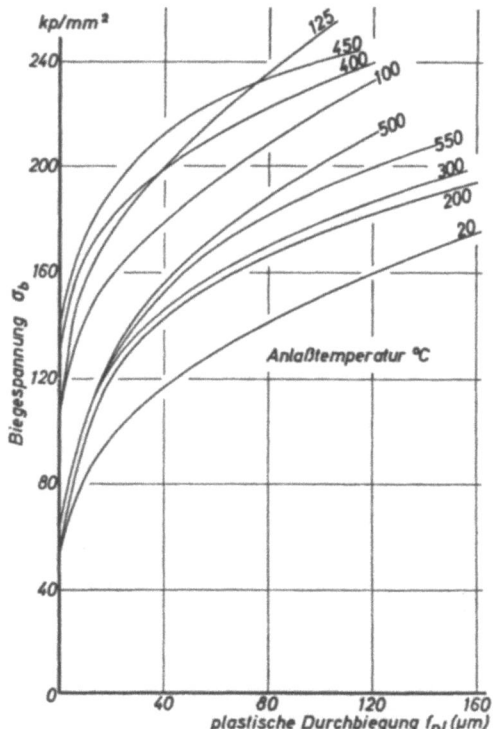

Abb. 11 Plastische Verformung von Biegeproben in Abhängigkeit von der Biegespannung und der Anlaßtemperatur (Anlaß-Haltezeit 300 min)
Härten: 1100°C, 18 min, abschrecken in Öl

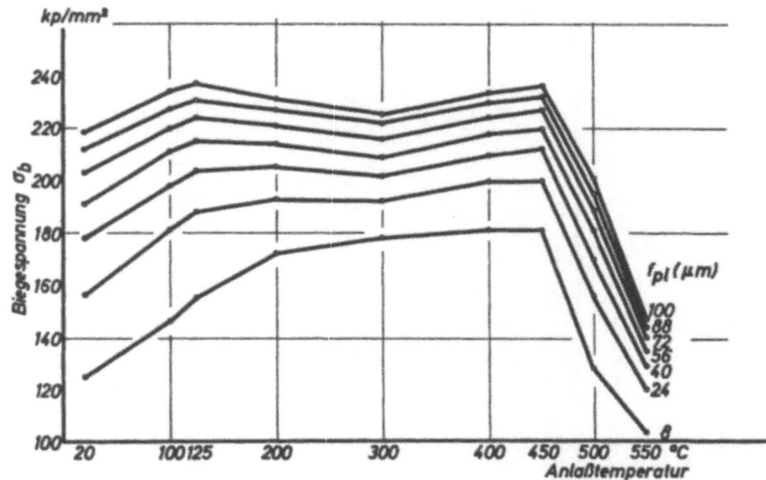

Abb. 12 Zusammenhang zwischen der Biegespannung σ_b und der plastischen Durchbiegung f_{pl} bei verschiedenen Anlaßtemperaturen (Anlaß-Haltezeit 300 min)
Härten: 980°C, 18 min, abschrecken in Öl

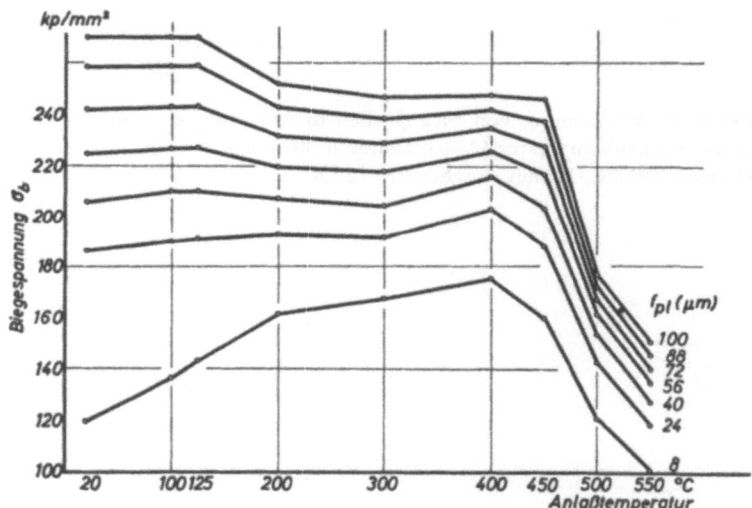

Abb. 13 Zusammenhang zwischen der Biegespannung σ_b und der plastischen Durchbiegung f_{pl} bei verschiedenen Anlaßtemperaturen (Anlaß-Haltezeit 300 min)
Härten: 1045°C, 18 min, abschrecken in Öl

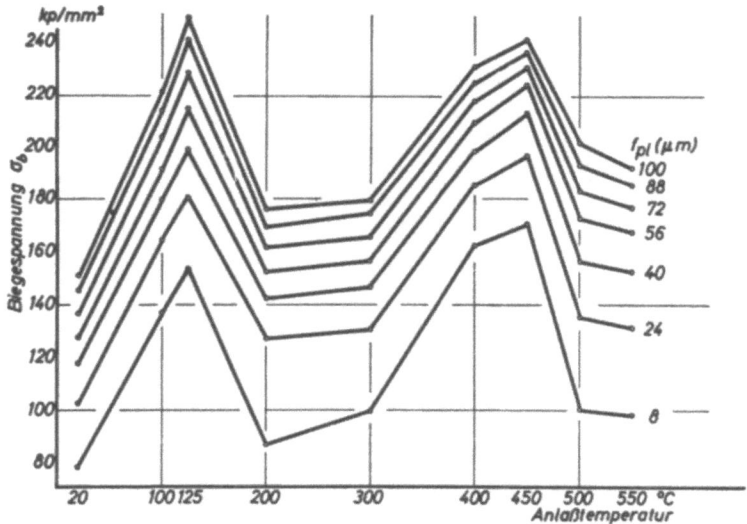

Abb. 14 Zusammenhang zwischen der Biegespannung σ_b und der plastischen Durchbiegung f_{pl} bei verschiedenen Anlaßtemperaturen (Anlaß-Haltezeit 300 min)
Härten: 1100°C, 18 min, abschrecken in Öl

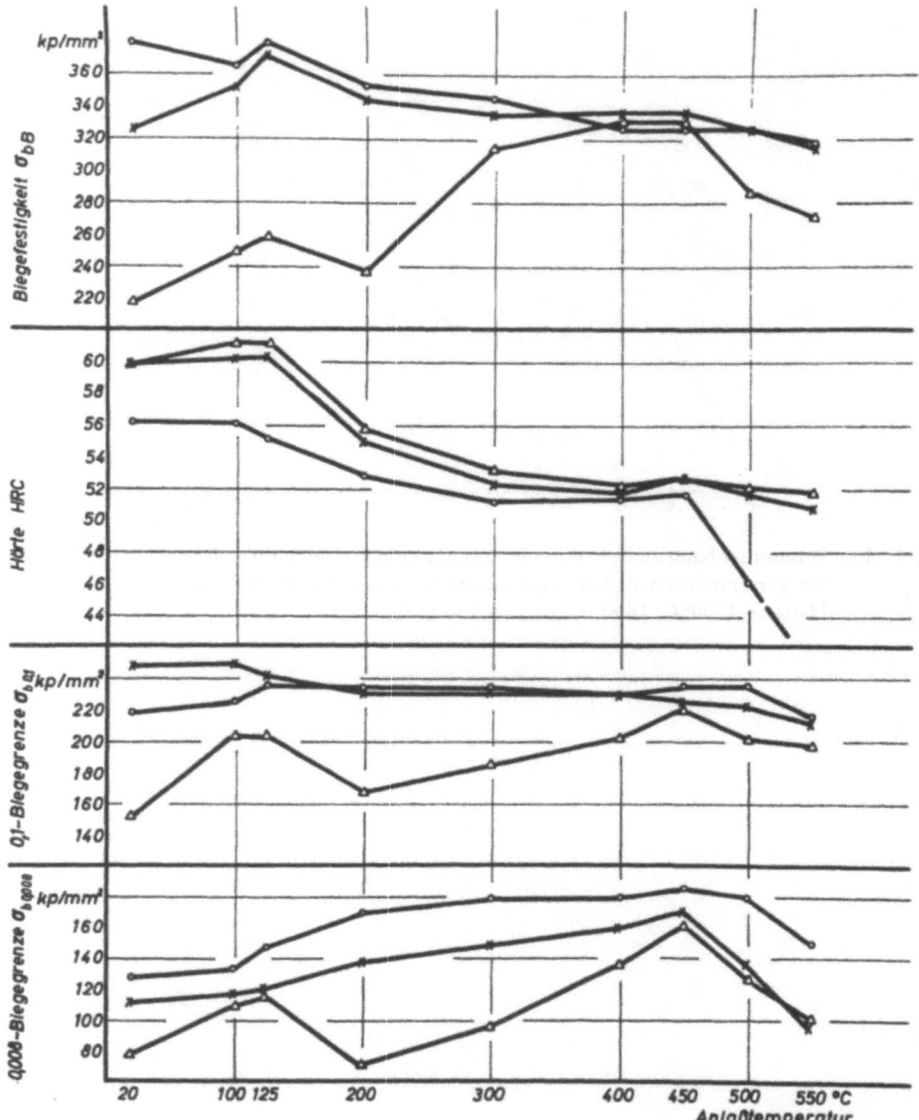

Abb. 15 0,008-Biegegrenze, 0,1-Biegegrenze, Härte und Biegefestigkeit in Abhängigkeit von der Anlaßtemperatur (Anlaß-Haltezeit 15 min).
Härtetemperaturen: 980°C, 1045°C und 1100°C
(Erwärmungs- und Haltezeit 18 min, abschrecken in Öl)
○ 980°C
× 1045°C
△ 1100°C

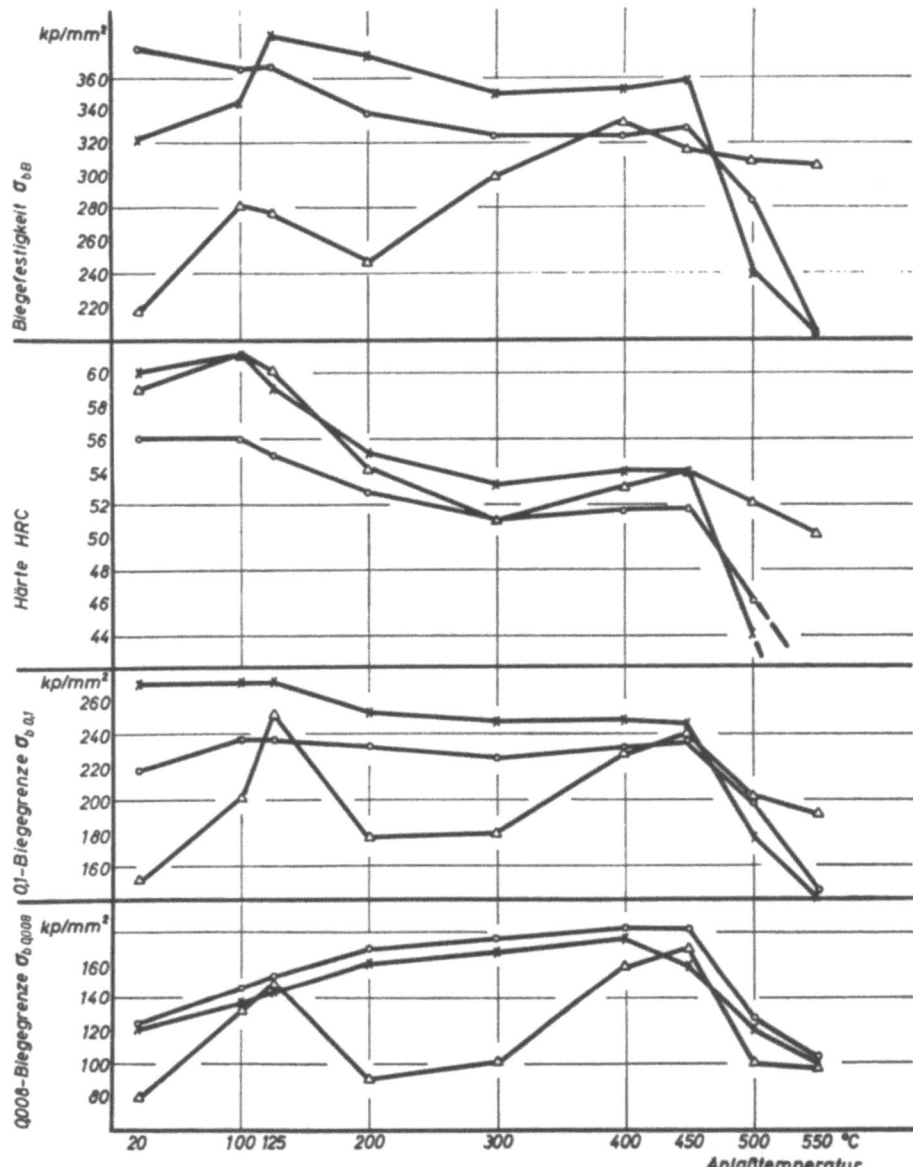

Abb. 16 0,008-Biegegrenze, 0,1-Biegegrenze, Härte und Biegefestigkeit in Abhängigkeit von der Anlaßtemperatur (Anlaß-Haltezeit 300 min)
Härtetemperaturen: 980°C, 1045°C und 1100°C
(Erwärmungs- und Haltezeit 18 min, abschrecken in Öl)
○   980°C
×   1045°C
△   1100°C

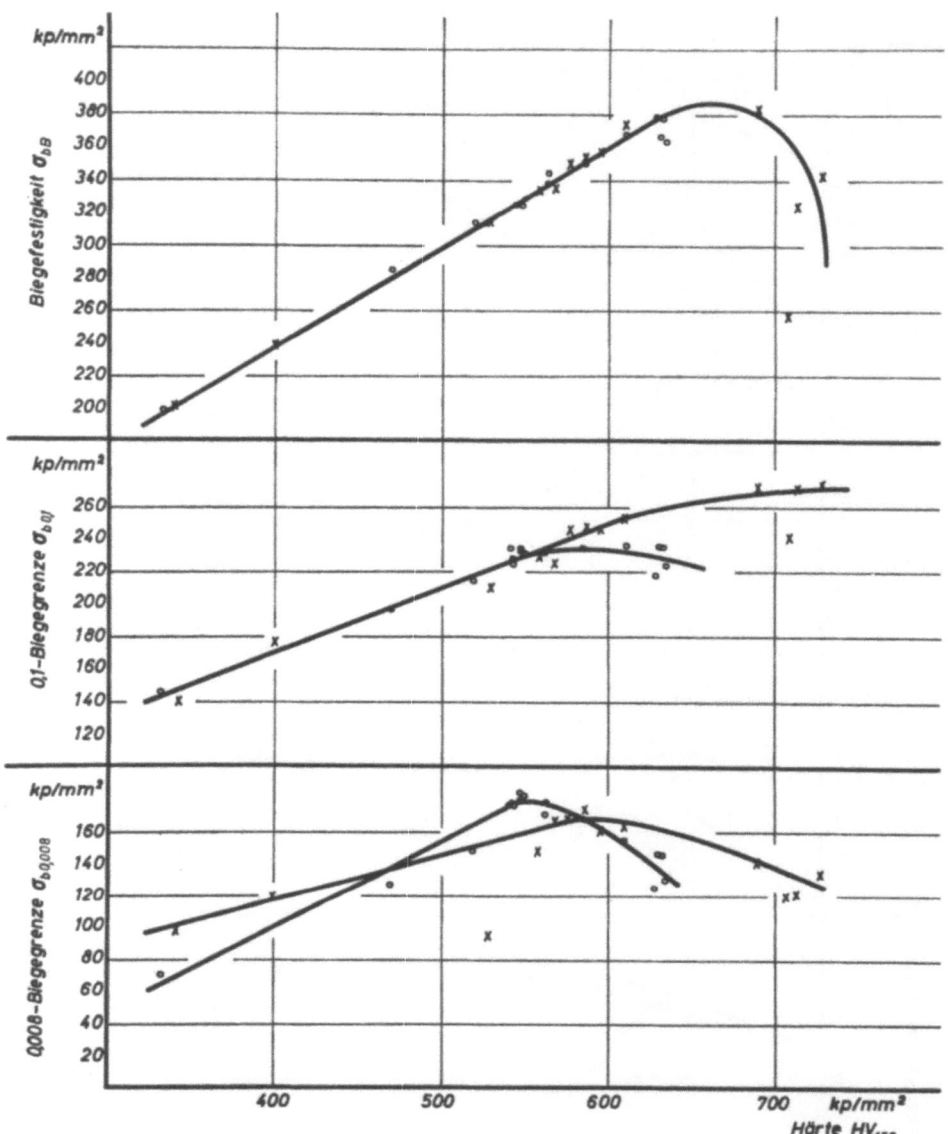

Abb. 17 0,008-Biegegrenze, 0,1-Biegegrenze und Biegefestigkeit in Abhängigkeit von der Härte und den Härtetemperaturen 980° C und 1045° C
○   980°C
×   1045°C

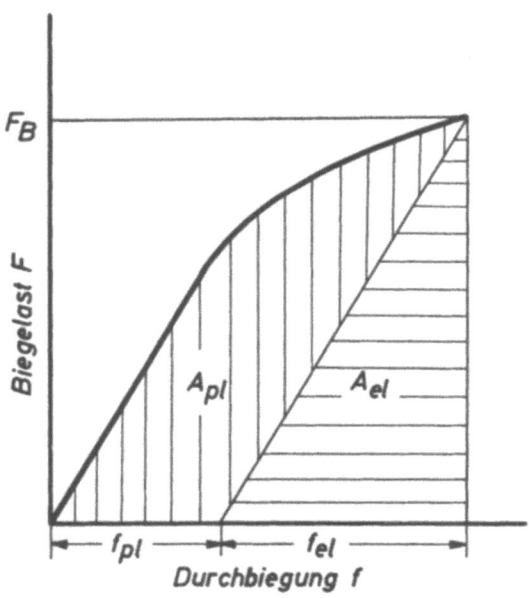

Abb. 18 Biegelast–Durchbiegungs-Kurve
F_B-Bruchlast (Höchstlast)
A_{pl}-plastische Bruchbiegearbeit
A_{el}-elastische Bruchbiegearbeit
f_{pl}-plastische Bruchdurchbiegung
f_{el}-elastische Bruchdurchbiegung

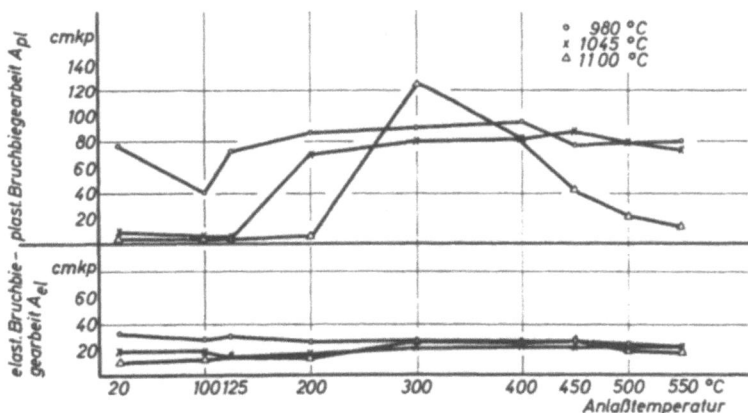

Abb. 19 Plastische Bruchbiegearbeit A_{pl} und elastische Bruchbiegearbeit A_{el} in Abhängigkeit von der Anlaßtemperatur (Anlaß-Haltezeit 15 min), Härtetemperaturen 980°C, 1045°C und 1100°C (Erwärmungs- und Haltezeit 18 min, abschrecken in Öl)

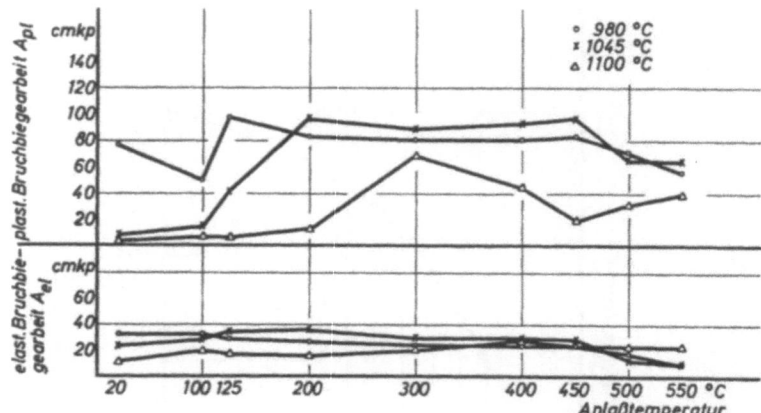

Abb. 20 Plastische Bruchbiegearbeit A_{pl} und elastische Bruchbiegearbeit A_{el} in Abhängigkeit von der Anlaßtemperatur (Anlaß-Haltezeit 300 min), Härtetemperaturen 980°C, 1045°C und 1100°C (Erwärmungs- und Haltezeit 18 min, abschrecken in Öl)

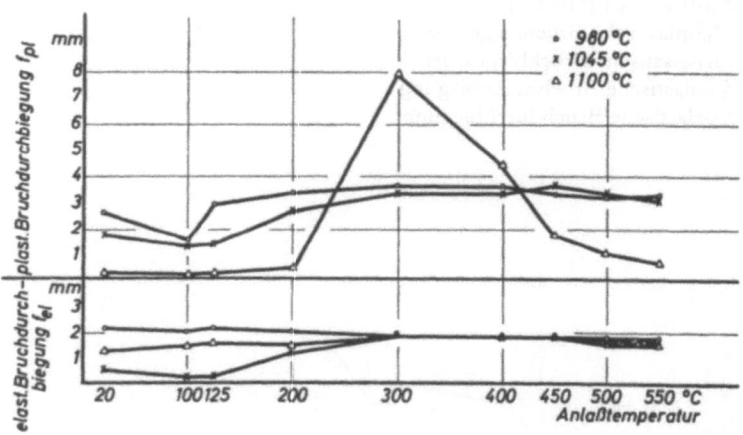

Abb. 21 Plastische Bruchdurchbiegung f_{pl} und elastische Bruchdurchbiegung f_{el} in Abhängigkeit von der Anlaßtemperatur (Anlaß-Haltezeit 15 min), Härtetemperaturen 980°C, 1045°C und 1100°C (Erwärmungs- und Haltezeit 18 min, abschrecken in Öl)

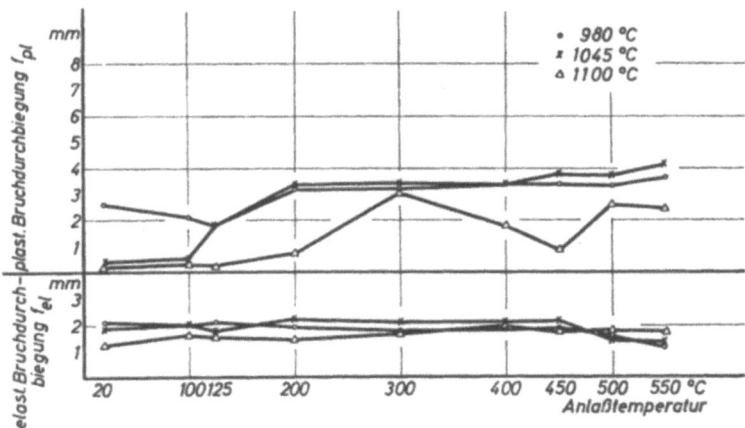

Abb. 22 Plastische Bruchdurchbiegung f_{pl} und elastische Bruchdurchbiegung f_{el} in Abhängigkeit von der Anlaßtemperatur (Anlaß-Haltezeit 300 min), Härtetemperaturen 980°C, 1045°C und 1100°C (Erwärmungs- und Haltezeit 18 min, abschrecken in Öl)

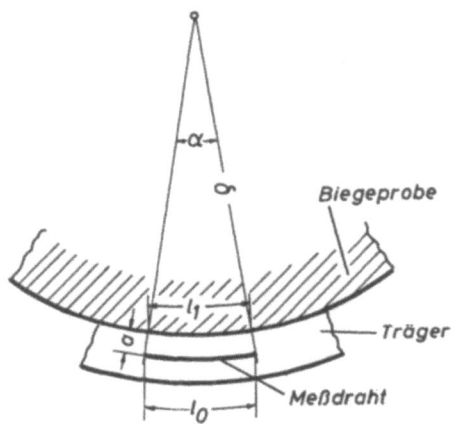

Abb. 23 Schematische Darstellung des auf die Biegeprobe geklebten Dehnungsmeßstreifens für die vergleichende Betrachtung zwischen der Dehnung der Biegeproben-Randfaser und des Dehnungsmeßstreifens

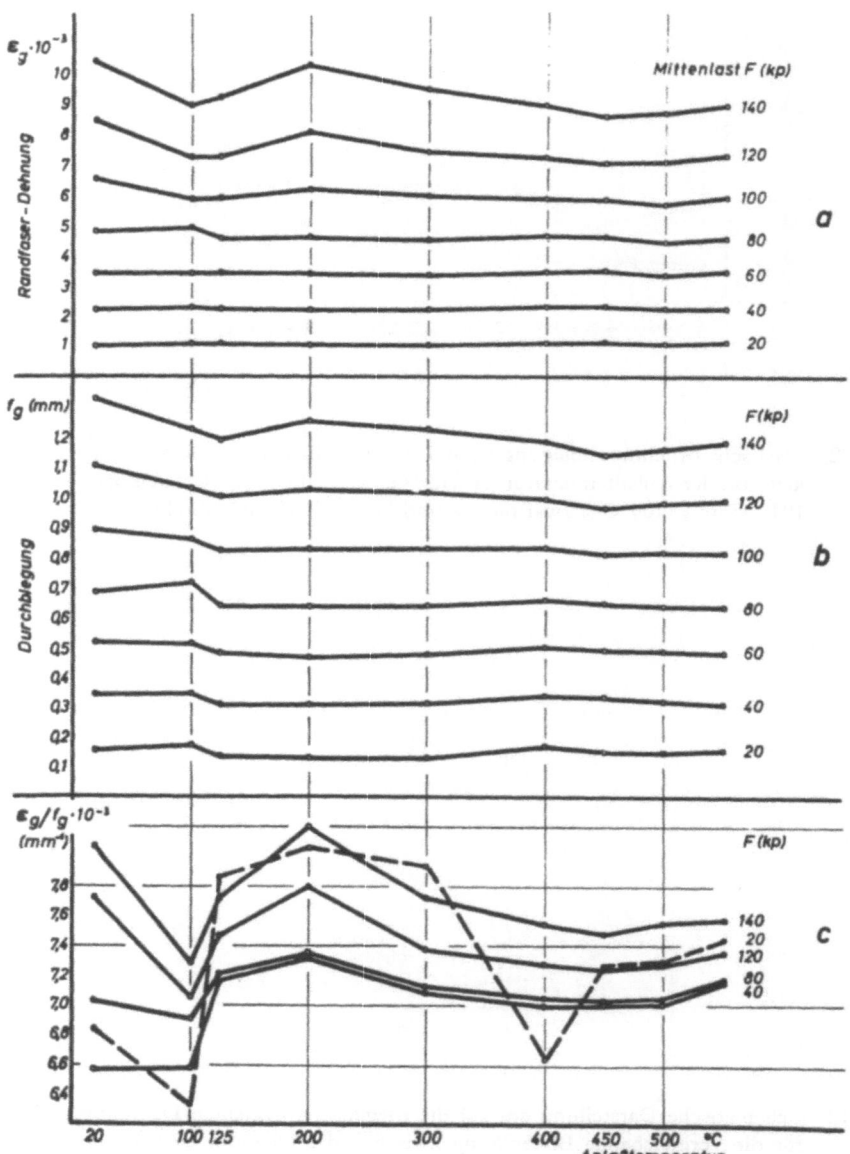

Abb. 24 Abhängigkeit der Randfaser-Dehnung (a), der Durchbiegung (b) und des Quotienten aus Randfaser-Dehnung und Durchbiegung (c) von der Anlaßtemperatur und der mittig angreifenden Biegelast

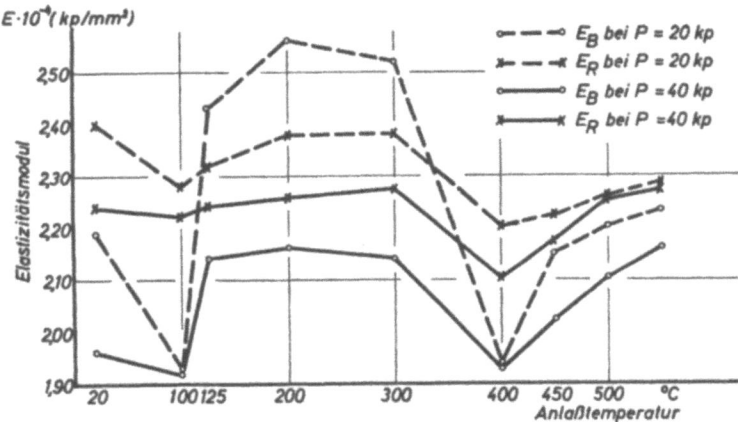

Abb. 25 Der aus der Durchbiegung errechnete Elastizitätsmodul E_B und der errechnete Elastizitätsmodul der Randfaser-Dehnung E_R bei den Biegelasten 20 kp und 40 kp in Abhängigkeit von der Anlaßtemperatur

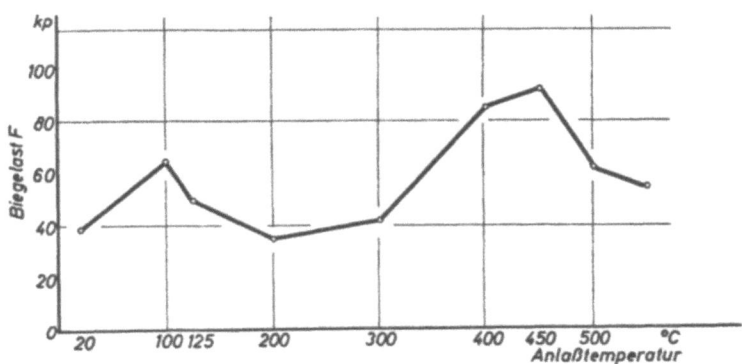

Abb. 26 Abhängigkeit der Biegelast, bei der die ersten plastischen Verformungen auftreten, von der Anlaßtemperatur

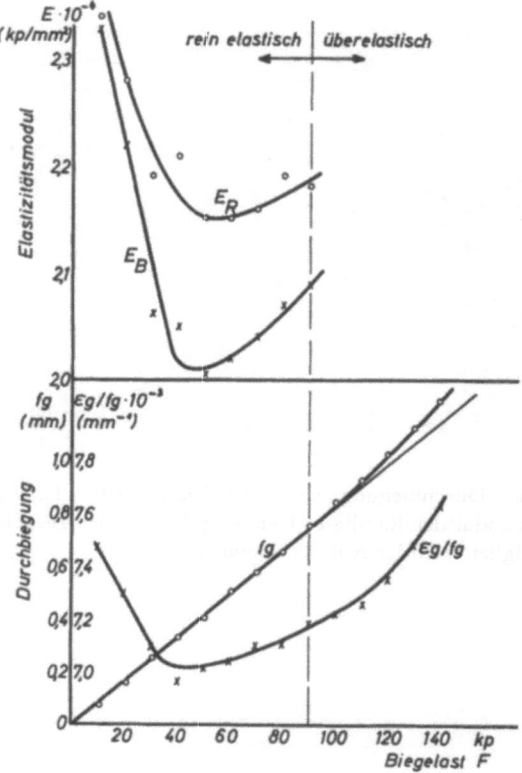

Abb. 27 Der aus der Durchbiegung errechnete Elastizitätsmodul E_B und der errechnete Elastizitätsmodul der Randfaser-Dehnung E_R sowie die Durchbiegung f_g und der Quotient aus Randfaser-Dehnung und Durchbiegung ε_g/f_g in Abhängigkeit von der Biegelast F

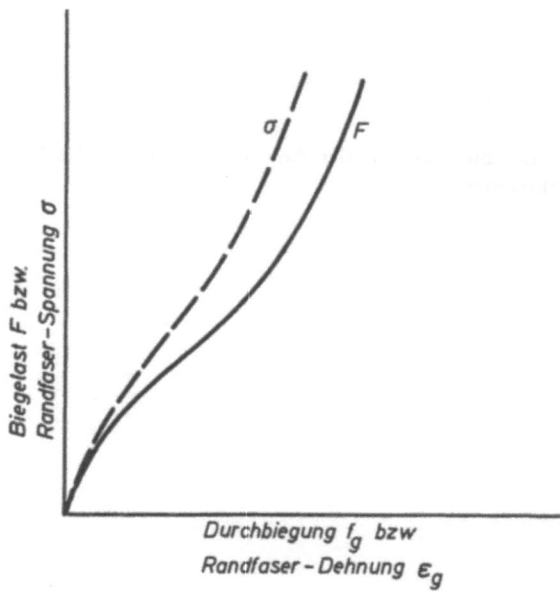

Abb. 28 Schematische Darstellung der Biegelast–Durchbiegungs-Kurve und der Spannungs-Dehnungs-Kurve der Randfaser im Bereich rein elastischer Verformung

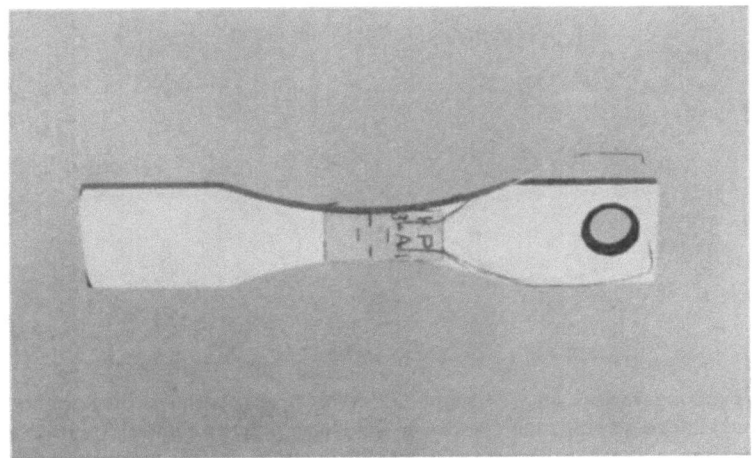

Abb. 29   Zugprobe mit aufgeklebtem Dehnungsmeßstreifen

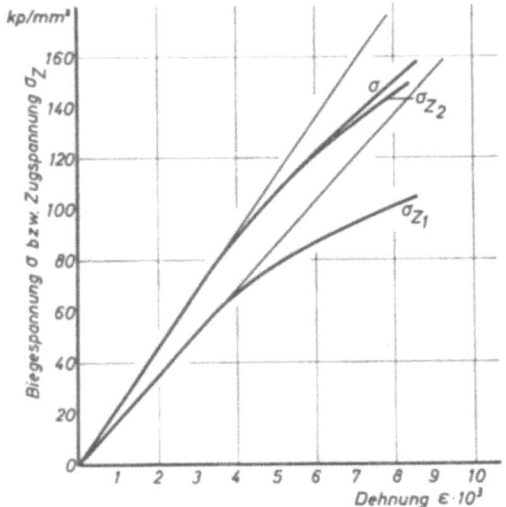

Abb. 30   Biegespannung σ, Zugspannung σ_{z1} und die unter Berücksichtigung des Elastizitätsmoduls der Biegung korrigierte Zugspannung σ_{z2} in Abhängigkeit von der Dehnung bei dem nicht angelassenen Stahl X40Cr13
(Härten: 1100°C, 18 min, abschrecken in Öl)

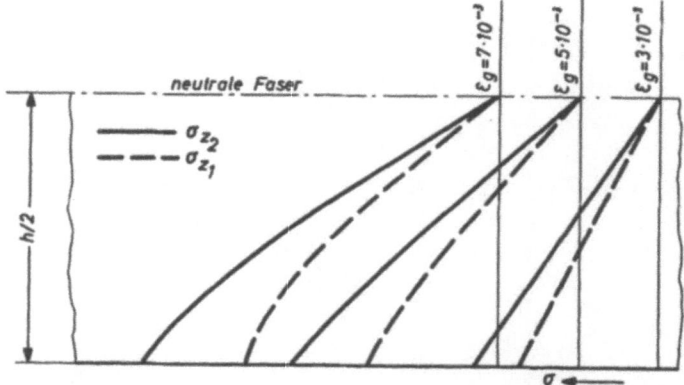

Abb. 31 Spannungsverlauf im Querschnitt einer nicht angelassenen Biegeprobe – ermittelt mit Hilfe der Zugspannungs–Dehnungs–Kurve (σ_{z1}) und unter gleichzeitiger Berücksichtigung des Elastizitätsmoduls der Biegung (σ_{z2}) – bei drei verschiedenen Randfaser-Dehnungen ε_g

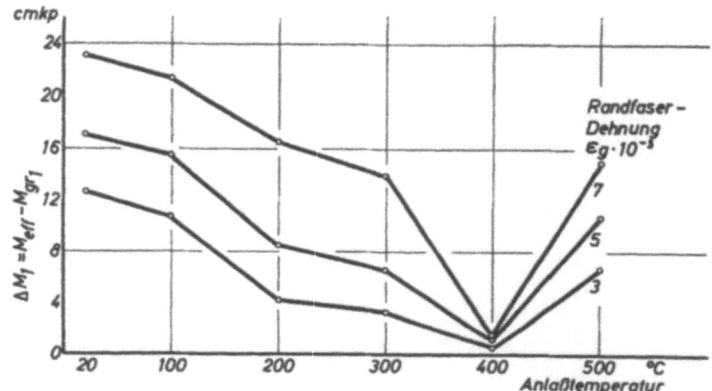

Abb. 32 Differenz-Biegemoment zwischen dem aus der Biegelast errechneten Biegemoment M_{eff} und dem aus dem Spannungsverlauf im Querschnitt der Biegeprobe graphisch ermittelten Biegemoment M_{gr1} in Abhängigkeit von der Anlaßtemperatur
(der Spannungsverlauf wurde mit Hilfe der Zugspannungs–Dehnungs–Kurve bestimmt)

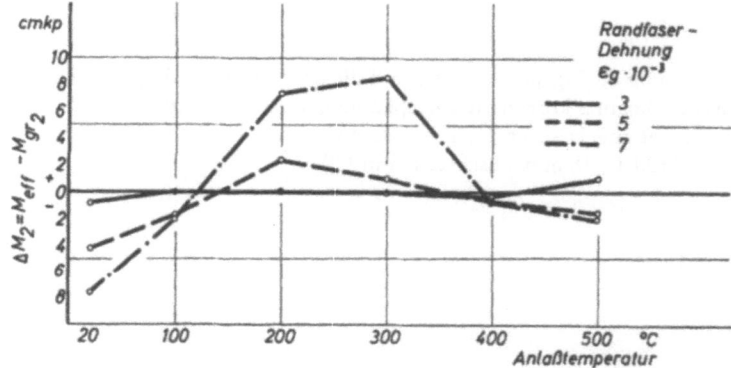

Abb. 33 Differenz-Biegemoment zwischen dem aus der Biegelast errechneten Biegemoment M_{eff} und dem aus dem Spannungsverlauf im Querschnitt der Biegeprobe graphisch ermittelten Biegemoment M_{gr2} in Abhängigkeit von der Anlaßtemperatur
(der Spannungsverlauf wurde mit Hilfe der Zugspannungs–Dehnungs–Kurve unter Berücksichtigung des Elastizitätsmoduls der Biegung bestimmt)

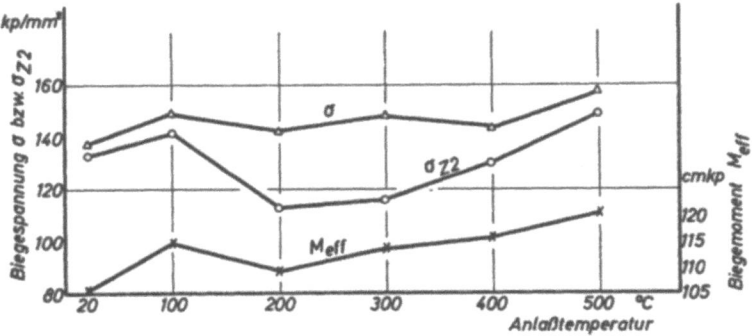

Abb. 34 Einfluß der Anlaßtemperatur auf die bei der Randfaser-Dehnung von $7 \cdot 10^{-3}$ nach der Gleichung $\sigma = M/W$ berechnete Randfaser-Biegespannung σ und die mit Hilfe der korrigierten Zugspannungs–Dehnungs-Kurve bestimmte Randfaser-Biegespannung σ_{z2} sowie auf das aus der Biegelast ermittelte Biegemoment M_{eff}

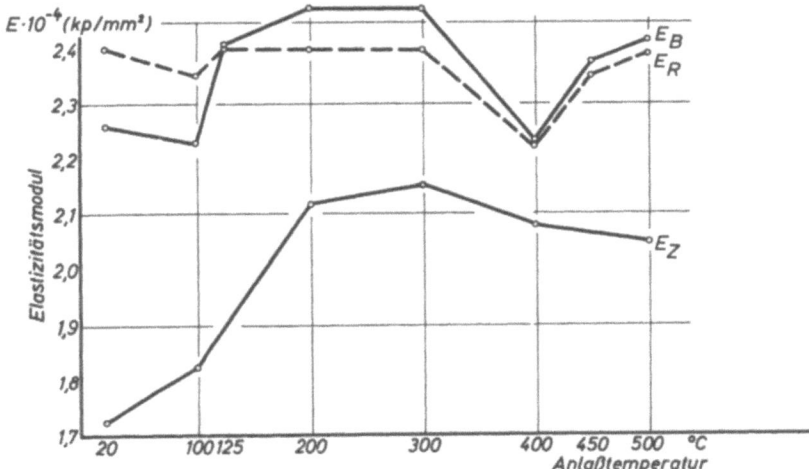

Abb. 35 Einfluß der Anlaßbehandlung auf den aus der Durchbiegung errechneten Elastizitätsmodul E_B sowie auf den errechneten Elastizitätsmodul der Randfaser-Dehnung E_R und den Elastizitätsmodul bei reiner Zugbeanspruchung E_Z

Forschungsberichte des Landes Nordrhein-Westfalen

Herausgegeben im Auftrage des Ministerpräsidenten Heinz Kühn
von Staatssekretär Professor Dr. h. c. Dr. E. h. Leo Brandt

Sachgruppenverzeichnis

Acetylen · Schweißtechnik
Acetylene · Welding gracitice
Acétylène · Technique du soudage
Acetileno · Técnica de la soldadura
Ацетилен и техника сварки

Arbeitswissenschaft
Labor science
Science du travail
Trabajo científico
Вопросы трудового процесса

Bau · Steine · Erden
Constructure · Construction material ·
Soil research
Construction · Matériaux de construction ·
Recherche souterraine
La construcción · Materiales de construcción ·
Reconocimiento del suelo
Строительство и строительные материалы

Bergbau
Mining
Exploitation des mines
Minería
Горное дело

Biologie
Biology
Biologie
Biologia
Биология

Chemie
Chemistry
Chimie
Quimica
Химия

Druck · Farbe · Papier · Photographie
Printing · Color · Paper · Photography
Imprimerie · Couleur · Papier · Photographie
Artes gráficas · Color · Papel · Fotografía
Типография · Краски · Бумага · Фотография

Eisenverarbeitende Industrie
Metal working industry
Industrie du fer
Industria del hierro
Металлообрабатывающая промышленность

Elektrotechnik · Optik
Electrotechnology · Optics
Electrotechnique · Optique
Electrotécnica · Optica
Электротехника и оптика

Energiewirtschaft
Power economy
Energie
Energía
Энергетическое хозяйство

Fahrzeugbau · Gasmotoren
Vehicle construction · Engines
Construction de véhicules · Moteurs
Construcción de vehículos · Motores
Производство транспортных средств

Fertigung
Fabrication
Fabrication
Fabricación
Производство

Funktechnik · Astronomie
Radio engineering · Astronomy
Radiotechnique · Astronomie
Radiotécnica · Astronomía
Радиотехника и астрономия

Gaswirtschaft
Gas economy
Gaz
Gas
Газовое хозяйство

Holzbearbeitung
Wood working
Travail du bois
Trabajo de la madera
Деревообработка

Hüttenwesen · Werkstoffkunde
Metallurgy · Materials research
Métallurgie · Matériaux
Metalurgia · Materiales
Металлургия и материаловедение

Kunststoffe
Plastics
Plastiques
Plásticos
Пластмассы

Luftfahrt · Flugwissenschaft
Aeronautics · Aviation
Aéronautique · Aviation
Aeronáutica · Aviación
Авиация

Luftreinhaltung
Air-cleaning
Purification de l'air
Purificación del aire
Очищение воздуха

Maschinenbau
Machinery
Construction mécanique
Construcción de máquinas
Машиностроительство

Mathematik
Mathematics
Mathématiques
Matemáticas
Математика

Medizin · Pharmakologie
Medicine · Pharmacology
Médecine · Pharmacologie
Medicina · Farmacología
Медицина и фармакология

NE-Metalle
Non-ferrous metal
Metal non ferreux
Metal no ferroso
Цветные металлы

Physik
Physics
Physique
Física
Физика

Rationalisierung
Rationalizing
Rationalisation
Racionalización
Рационализация

Schall · Ultraschall
Sound · Ultrasonics
Son · Ultra-son
Sonido · Ultrasónico
Звук и ультразвук

Schiffahrt
Navigation
Navigation
Navegación
Судоходство

Textilforschung
Textile research
Textiles
Textil
Вопросы текстильной промышленности

Turbinen
Turbines
Turbines
Turbinas
Турбины

Verkehr
Traffic
Trafic
Tráfico
Транспорт

Wirtschaftswissenschaften
Political economy
Economie politique
Ciencias económicas
Экономические науки

Einzelverzeichnis der Sachgruppen bitte anfordern

Westdeutscher Verlag · Köln und Opladen
567 Opladen/Rhld., Ophovener Straße 1–3, Postfach 1620

If you have any concerns about our products,
you can contact us on
ProductSafety@springernature.com

In case Publisher is established outside the EU,
the EU authorized representative is:
**Springer Nature Customer Service Center GmbH
Europaplatz 3, 69115 Heidelberg, Germany**

Printed by Libri Plureos GmbH
in Hamburg, Germany